图解
Java
开发基础

（案例视频版）

刘丽◎编著

清华大学出版社
北京

内 容 简 介

本书循序渐进地讲解了 Java 语言开发的核心知识，通过典型实例讲解了这些知识的具体用法。本书共分 15 章，内容包括 Java 开发基础，Java 基础语法，流程控制语句，操作字符串，Java 数组，面向对象，使用集合存储数据，泛型，Java 中的常用类库，异常处理，文件操作处理，使用 Swing 开发 GUI 程序，Java 多线程，Java 数据库编程，开发网络应用程序。本书内容全面，实例经典而有趣，几乎涵盖了 Java 语言所有知识点。

本书不但适合初学 Java 的人员阅读，也适合计算机相关专业的师生阅读，还可供有经验的开发人员查阅和参考。

图书在版编目(CIP)数据

图解 Java 开发基础：案例视频版/刘丽编著. —北京：清华大学出版社，2024.7
ISBN 978-7-302-66395-9

Ⅰ. ①图… Ⅱ. ①刘… Ⅲ. ①JAVA 语言—程序设计 Ⅳ. ①TP312.8

中国国家版本馆 CIP 数据核字(2024)第 111471 号

责任编辑：魏　莹
封面设计：李　坤
责任校对：马素伟
责任印制：丛怀宇
出版发行：清华大学出版社
　　　　　　网　　　址：https://www.tup.com.cn, https://www.wqxuetang.com
　　　　　　地　　　址：北京清华大学学研大厦 A 座　　　邮　　编：100084
　　　　　　社 总 机：010-83470000　　　　　　　　　　邮　　购：010-62786544
　　　　　　投稿与读者服务：010-62776969, c-service@tup.tsinghua.edu.cn
　　　　　　质量反馈：010-62772015, zhiliang@tup.tsinghua.edu.cn
印 装 者：三河市科茂嘉荣印务有限公司
经　　销：全国新华书店
开　　本：185mm×230mm　　**印　张：**18.75　　**字　数：**410 千字
版　　次：2024 年 7 月第 1 版　　**印　次：**2024 年 7 月第 1 次印刷
定　　价：79.00 元

产品编号：099515-01

前　　言

Java 语言经过 20 多年的发展，已经成为市面上功能最强大的开发语言之一，深受广大程序员和软件厂商的喜爱。使用 Java 语言可以开发出各种各样的应用程序，如游戏程序、聊天程序、爬虫程序和适用于手机的 Android 程序。为了让更多的人掌握这门优秀的编程语言，笔者精心编写了本书。

本书特色

(1) 以图解的方式讲解，吸引读者的兴趣

本书的独特之处在于采用图解的方式讲解内容，通过这种新颖的图示方法吸引读者的学习兴趣。全书知识点均以醒目的标记呈现，更易于读者理解和记忆。

(2) 知识结构合理，讲解细致

本书充分运用思维导图，有助于读者规划自己的学习计划。通过思维导图全面分析每个例子，帮助读者深入理解案例的架构和实现流程，确保每个知识点完全掌握。

(3) 选取典型、新颖的案例

本书内容以实例讲解为主线，涵盖了 Java 语言的各个主流应用领域和行业。本书中的每个实例均为市面上最新、最流行的，读者可以直接运用于个人的学习和工作中。

(4) 算法基础与实例并重，可扫码观看视频

通过扫描书中的二维码获取讲解内容，既包括算法基础知识讲解，也包括算法实例讲解，有利于读者提高开发水平。

(5) 在线技术支持

在本书的学习资源中不仅提供了案例的视频讲解，还提供了 PPT 学习课件，以及全书案例的源代码，读者可通过扫描下方的二维码获取。

扫码下载源代码

扫码下载 PPT

此外，本书还将提供在线技术支持，如果读者在学习中遇到问题，可以向我们的售后团队求助。

读者对象

- ❏ 初学编程的自学者
- ❏ 大中专院校的教师和学生
- ❏ 毕业设计的学生
- ❏ 软件测试人员

- ❏ 编程爱好者
- ❏ 相关培训机构的教师和学员
- ❏ 初级和中级程序开发人员

致谢

在编写本书的过程中，我们始终本着科学、严谨的态度，力求精益求精，但疏漏之处在所难免，敬请广大读者批评指正。感谢清华大学出版社各位编辑，正是他们的严谨和专业知识才使得本书这么快出版。最后感谢读者朋友们购买本书，希望本书能成为您编程路上的领航者，祝您阅读快乐！

编　者

目　　录

第 1 章

Java 开发基础

Java 是一门面向对象的编程语言，不仅吸收了 C++语言的各种优点，还摒弃了 C++中难以理解的多继承、指针等概念，因此 Java 语言具有功能强大和简单易用两个特征。本章将详细讲解 Java 语言的基础知识，初步了解 Java 语言的魅力。

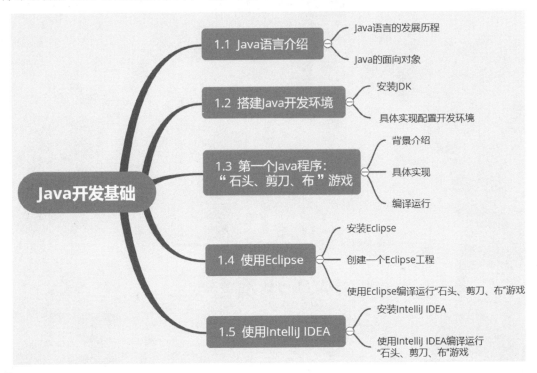

1.1　Java 语言介绍

在最新 TIOBE 编程语言社区排行榜中，Java 语言位居第三位，其功能强大，主要应用领域如下。

✧　服务器领域：Java 在服务器编程方面很强悍，拥有其他语言所没有的优势。

✧　移动设备：Java 在手机领域应用也比较广泛，手机 Java 游戏随处可见，当前异常火爆的 Android 同样支持 Java。

✧　桌面应用：Java 和 C++、.NET 一样重要，可以开发出功能强大的桌面程序。

✧　Web 领域：Java Web 有着巨大的优势，无论是开发工具还是开发框架都是开源的，并且安全性更高。

1.1.1　Java 语言的发展历程

　　Java 是由 Sun 公司于 1995 年 5 月推出的 Java 程序设计语言(以下简称 Java 语言)和 Java 平台的总称。在推出伊始,用 Java 实现的 HotJava 浏览器(支持 Java Applet)向用户展示了 Java 语言跨平台、动态 Web 和 Internet 计算的功能。从那以后,Java 便被广大程序员和企业用户广泛使用,成为当今最受欢迎的编程语言之一。

　　Java 语言诞生于 1991 年,起初被称为 OAK 语言,是 Sun 公司为一些消费性电子产品而设计的一个通用环境。Sun 公司的最初目的是开发一种独立于平台的软件技术,在网络出现之前 OAK 语言默默无闻,甚至差点夭折,网络的出现彻底改变了 OAK 语言的命运。在 Java 出现以前,Internet 上的信息都来自于一些乏味死板的 HTML 文档。迷恋于 Web 浏览的人们迫切希望能在 Web 中看到一些交互式的内容,开发人员也希望能够在 Web 上创建一类无需考虑软硬件平台就可以执行并且据有安全保障的应用程序。对于用户的这种要求,传统的编程语言显得无能为力。Sun 的工程师敏锐地察觉到了这一点,从 1994 年起,他们开始将 OAK 技术应用于 Web 上,并且开发出了 HotJava 的第一个版本。1995 年,Java 技术正式展现在了世人的面前。

1.1.2　Java 语言的特点

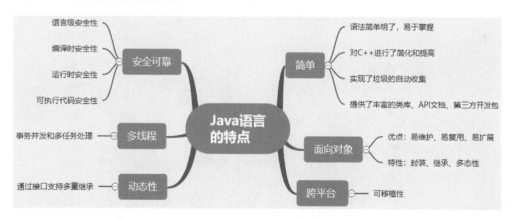

1.2　搭建 Java 开发环境

扫码看视频

　　运行 Java 程序之前,必须先安装 JDK,进行相应的配置后,才能够在自己的计算机系统中运行 Java 程序。

1.2.1　下载并安装 JDK

JDK(Java Development Kit 的缩写)是整个 Java 的核心，包括 Java 运行环境、Java 工具和 Java 基础类库。JDK 是开发和运行 Java 程序的基础，当用户要对 Java 程序进行编译时，必须先获得本机操作系统支持的 JDK，否则将无法编译 Java 程序。下载并安装 JDK 的具体步骤如下。

(1) 进入 Oracle 官网的 Java 主页，如图 1-1 所示，本书以目前应用最多的 JDK14(Java SE 14)展开。

图 1-1　Oracle 官网的主页

注意

虽然 Java 语言是 Sun 公司开发的，但是现在 Sun 公司已经被 Oracle 公司收购，所以安装 JDK 需要从 Oracle 中文官方网站上找到相关的下载页面开始。

(2) 单击顶部导航中的图标 ，在弹出的页面中单击 Downloads 链接，如图 1-2 所示。

图 1-2　单击 Downloads 链接

（3）在弹出的页面中列出了 Oracle 旗下的所有产品的下载链接，如 Java、Oracle 数据库等。用鼠标向下滚动页面，在此页面的下方找到 Java 的下载链接。单击 Java (JDK) for Developers 链接，如图 1-3 所示。

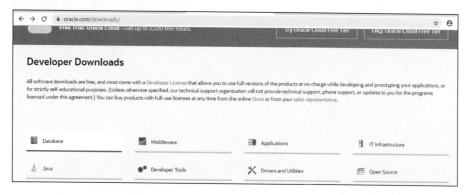

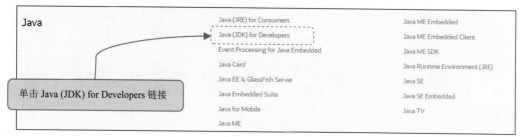

图 1-3　Oracle 产品的下载页面

（4）在弹出的页面中列出了当前 JDK 的所有版本，包括当前最新版本和历史版本。我们下载 Java SE 14，首先单击 Java SE 14 版本右侧的 JDK Download 链接，如图 1-4 所示。

（5）用户根据自己所用的操作系统来下载相应的 JDK 版本。下面，我们对各版本对应的操作系统进行具体说明：

- ◇ Linux：基于 64 位 Linux 系统，官网目前提供了 Debian、RPM 和 Compressed 这三种类型的下载包。
- ◇ Mac OS：基于 64 位苹果操作系统，官网目前提供了 Installer 和 Compressed 两种类型的下载包。
- ◇ Windows：基于 64 位 Windows 系统，官网目前提供了 Installer 和 Compressed 两种类型的下载包。

因为笔者计算机的操作系统是 64 位的 Windows 系统，所以单击 Windows x64 Installer 后面的 jdk-14_windows-x64_bin.exe 链接进行下载，如图 1-5 所示。

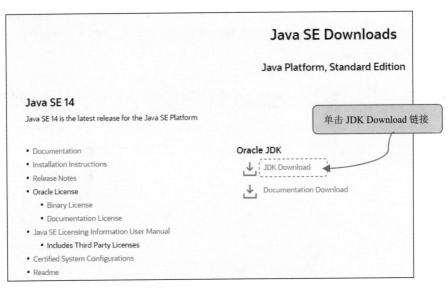

图 1-4　单击 JDK Download 链接

图 1-5　JDK 下载界面

(6) 弹出"接受协议"页面，勾选 I reviewed and accept the Oracle……复选框，然后单击 Download jdk-14_windows-x64_bin.exe 按钮开始下载，如图 1-6 所示。

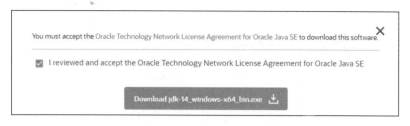

图 1-6　勾选 I reviewed and accept the Oracle……复选框

注意

此步骤可能会要求用户注册成为 Oracle 会员，注册成功后按照上面的步骤继续下载。另外，如果下载的版本和自己计算机的操作系统不对应，后续在安装 JDK 时可能会安装失败。

(7) 待下载完成后，双击下载的.exe 文件，弹出"安装程序"对话框开始进行安装。然后，单击"下一步"按钮，如图 1-7 所示。

(8) 安装程序弹出"目标文件夹"对话框，选择 JDK 的安装路径，笔者设置的是 C:\Program Files\Java\jdk-14\，如图 1-8 所示。

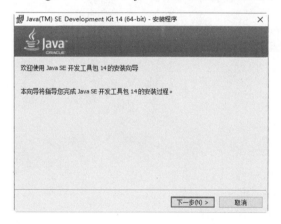

图 1-7　"安装程序"对话框

图 1-8　选择安装路径

(9) 设置好安装路径后，继续单击"下一步"按钮，安装程序提取安装文件并进行安装，如图 1-9 所示。

(10) 安装完成会弹出"完成"对话框，单击"关闭"按钮，完成整个安装过程，如图 1-10 所示。

(11) 最后还需检测 JDK 是否真的安装成功。依次单击"开始"|"运行"，在"运行"对话框的"打开"列表框中输入 cmd 并按 Enter 键，在打开的"管理员：命令提示符"窗口中输入 java -version，如果显示如图 1-11 所示的提示信息，则说明安装成功。

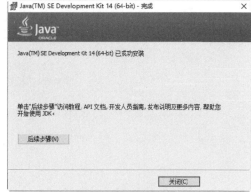

图 1-9　提取安装文件并进行安装　　　　　　图 1-10　完成安装

图 1-11　CMD 窗口

注意

在 java 和横杠之间有一个空格。

1.2.2　配置开发环境

（1）右击"我的电脑"，选择"属性"命令，在"设置"窗口的"相关设置"选项组中选择"高级系统设置"菜单项，单击下方"环境变量"按钮，在"系统变量"选项组中选择 Path 选项并单击"编辑"按钮后，弹出"编辑环境变量"对话框，如图 1-12 所示。

（2）单击右侧的"新建"按钮，添加 JDK 所在的绝对路径，此处需要添加 Java 的绝对路径，例如笔者的安装目录是 C:\Program Files\Java\jdk-14\，所以需要添加如下变量值：

```
C:\Program Files\Java\jdk-14\bin
```

（3）完成上述操作后，再依次单击"开始"｜"运行"菜单项，在"运行"对话框的"打开"列表框中输入 cmd 并按 Enter 键，然后在打开的"管理员：命令提示符"窗口中输入 java

-version，就会看到如图 1-13 所示的提示信息，输入 javac 就会看到如图 1-14 所示的提示信息，这就说明 JDK 14 安装成功。

注意这两个选项的位置，需要确保 C:\Program Files\Java\jdk-14\bin 在上面

图 1-12　Windows 10 系统添加两个绝对路径的变量值

图 1-13　输入 java -version

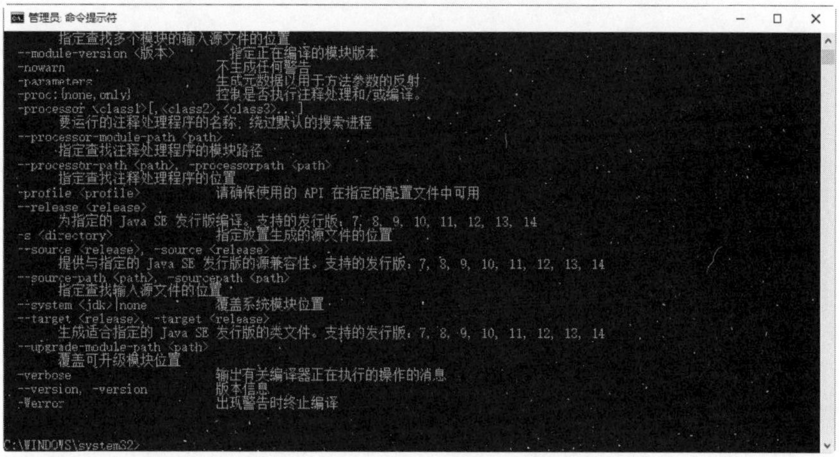

图 1-14　输入 javac 后的提示信息

1.3　第一个 Java 程序："石头、剪刀、布"游戏

1.3.1　背景介绍

扫码看视频

如果有人问我大学生活中最有趣的事情是什么，我会毫不犹豫地说是打扫宿舍卫生。每当宿舍卫生惨不忍睹时，4 名宿舍成员分成两组进行"石头、剪刀、布"游戏，5 局 3 胜制，两名失败者继续游戏，再次失败者负责打扫卫生。本程序将展示使用 Java 语言开发一个"石头、剪刀、布"游戏的过程，向读者展示 Java 语言的魅力。

1.3.2　具体实现

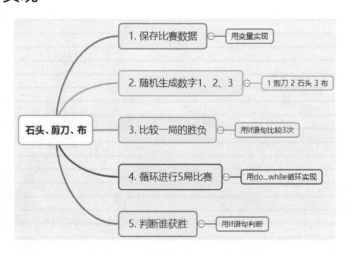

项目 1-1　人机对战版"石头、剪刀、布"游戏(📁源码路径：codes/001/src/Game.java)

　　本项目的实现文件为 Game.java，模拟实现人机对战版"石头、剪、刀布"游戏，运行程序后用户可以和电脑对战，游戏采取 5 局 3 胜制，比赛 5 次后显示谁是获胜方。具体代码如下所示。

```java
import java.util.Scanner;
public class Game {
    public static void main(String[] args) {
        Scanner shuru=new Scanner(System.in);
        int a=0;        //用户获胜次数
        int b=0;        //平局场次
        int c=0;        //电脑获胜次数
        int k=5;

        do{
            int com=(int)Math.random()*3+1;
            int n=shuru.nextInt();//获取用户输入
            if(n==1) {
                if(com==1){
                    System.out.println("平局");
                    b++;
                }
                if(com==2){
                    System.out.println("你输了");
                    c++;
                }
                if(com==3){
                    System.out.println("你赢了");
                    a++;
                }
            }
```

引入 Java 内置类库

使用引入的内置类库

用 4 个变量 a、b、c、k 保存比赛需要的数据

do...while 循环语句，每次循环表示游戏中的一局

随机生成 1、2、3 中的一个数字，1 表示电脑出的是剪刀，2 表示电脑出的是石头，3 表示电脑出的是布

如果本局用户出的是 1(剪刀)，则用 3 个 if 语句来判断谁获胜，3 个 if 语句实现 3 次判断

```
    else if(n==2) {
            if(com==1){
                System.out.println("你赢了");
                a++;
            }
            if(com==2){
                System.out.println("平局");
                b++;
            }
            if(com==3){
                System.out.println("你输了");
                c++;
            }
    }
```

如果本局用户出的是 2(石头),则用 3 个 if 语句来判断谁获胜,3 个 if 语句实现 3 次判断

```
    else if(n==3)//用户输入布
    {
            if(com==1){
                System.out.println("你输了");
                c++;
            }
            if(com==2){
                System.out.println("你赢了");
                a++;
            }
            if(com==3){
                System.out.println("平局");
                b++;
            }
    }
```

如果本局用户出的是 3(布),则用 3 个 if 语句来判断谁获胜,3 个 if 语句实现 3 次判断

```
    k--;
}while(k>0);
```

k 的初始值是 5,每次循环结束 k 的值减 1,当 k 不大于 0 循环结束,此时正好进行了 5 次循环,对应 5 局对战

```
if(a>c)
    System.out.println("恭喜你,获得最终胜利");
if(a<c)
    System.out.println("很遗憾,你输了");
if(b==5)
    System.out.println("最终平局");
}
```

5 局对战结束后,判断双方的获胜次数,最终决出获胜者

```
}
```

执行结果如下：

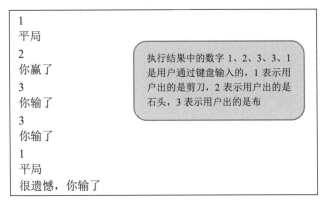

```
1
平局
2
你赢了
3
你输了
3
你输了
1
平局
很遗憾，你输了
```

执行结果中的数字 1、2、3、3、1 是用户通过键盘输入的，1 表示用户出的是剪刀，2 表示用户出的是石头，3 表示用户出的是布

1.3.3　编译运行

编译运行是由编译程序将目标代码一次性编译成目标程序，再由机器运行目标程序的过程。我们可以使用 javac 命令来编译 Java 程序，具体语法格式如下：

```
javac source_files
```

命令参数 source_files 表示 Java 源程序文件所在的位置，此位置既可以是绝对路径，也可以是相对路径。通常情况下，生成的字节码文件放在当前路径下，当前路径可以用点"."来表示。

假设上述"石头、剪刀、布"游戏的程序文件为 Game.java，在电脑中的路径为 E:\daima\1\Game.java，则整个编译过程在命令行窗口中的具体效果如图 1-15 所示。cd 命令的功能是进入某一个指定的目录，例如 cd daima 表示进入 daima 文件夹。运行命令后会在该路径下生成一个 Game.class 文件，如图 1-16 所示。

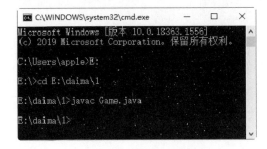

图 1-15　CMD 中的编译过程

图 1-16　生成文件 Game.class

编译之后需要使用 java 命令来运行 Java 程序，启动命令行窗口进入 Game.class 所在的目录，在命令行窗口直接输入不带任何参数或选项的 java 命令后，可以看到系统输出的提示信息，这些信息告诉开发者如何使用 java 命令。使用 java 命令的语法格式如下所示。

```
java 类名
```

在使用上述命令时一定要注意，java 命令后的参数既不是字节码文件的文件名，也不是 Java 程序文件的名字，而是 Java 程序的类名。例如，我们可以通过命令行窗口进入 First.class 所在的路径，输入命令如下所示。

```
java Game
```

运行上面命令，将看到程序文件 Game.java 的执行结果。

1.4 使用 Eclipse

扫码看视频

Eclipse 是一个跨平台的自由集成开发环境，是基于 Java 的可扩展开发平台。

1.4.1 安装 Eclipse

(1) 打开浏览器，在浏览器中输入网址 http://www.eclipse.org/，然后单击右上角的 Download 按钮，如图 1-17 所示。

图 1-17　Eclipse 官网首页

(2) Eclipse 官网自动检测用户当前计算机的操作系统，并提供对应版本的下载链接。例如，笔者的计算机是 64 位 Windows 系统，所以会自动显示 64 位 Eclipse 的下载链接，如

图 1-18 所示。

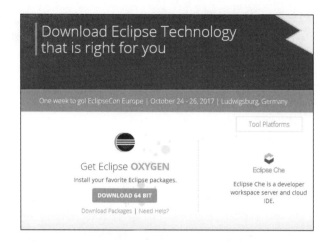

图 1-18　自动下载 64 位的 Eclipse

（3）单击 DOWNLOAD 64 BIT 按钮，弹出一个新的页面，如图 1-19 所示。单击 Select Another Mirror 后，我们会在下方看到许多镜像下载地址。

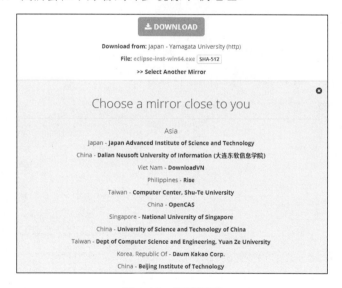

图 1-19　下载页面

（4）用户既可以根据自身的情况选择一个镜像下载地址，也可以直接单击上方的 DOWNLOAD 按钮进行下载。下载完成后会得到一个 .exe 格式的可执行文件，双击该文件就可以开始安装 Eclipse。安装程序首先会弹出一个欢迎界面，如图 1-20 所示。

（5）安装程序会显示一个选择列表框，其中显示了不同版本的 Eclipse，在此用户根据自己的需要选择要下载的版本，如图 1-21 所示。

图 1-20　Eclipse 安装界面　　　　　　　　　　图 1-21　不同版本的 Eclipse

（6）因为本书将使用 Eclipse 开发 Java 项目，所以只需选择第一项 Eclipse IDE for Java Developers。单击 Eclipse IDE for Java Developers，安装程序会弹出"安装目录"对话框，在此可以设置 Eclipse 的安装目录，如图 1-22 所示。

（7）设置好路径之后，单击 INSTALL 按钮，安装程序首先会弹出协议窗口，单击下方的 Accept Now 按钮，继续安装即可，如图 1-23 所示。

图 1-22　设置 Eclipse 的安装目录　　　　　　　图 1-23　协议窗口

(8) 此时会看到一个安装进度条，这说明安装程序开始正式安装 Eclipse 了，如图 1-24 所示。安装过程通常会比较慢，需要用户耐心等待。

(9) 完成上述安装进度，安装程序会在其下方显示 LAUNCH 按钮，如图 1-25 所示。

图 1-24　安装进度条　　　　　　　图 1-25　显示一个 LAUNCH 按钮

(10) 单击 LAUNCH 按钮，即可启动安装成功的 Eclipse。Eclipse 在首次运行时会弹出一个设置 workspace(工作空间)的对话框，在此可以设置一个自己常用的本地路径作为 workspace。

注意

workspace 通常被翻译为工作区，在这个目录中保存 Java 程序文件。workspace 是 Eclipse 的硬性规定，每次启动 Eclipse 时，都要将 workspace 路径下的所有 Java 项目加载到 Eclipse 中去。如果没有设置 workspace，Eclipse 会弹出设置界面，只有设置一个 workspace 路径后才能启动 Eclipse。设置一个本地目录为 workspace 后，系统会在这个目录中自动创建一个子目录.metadata，在里面生成一些文件夹和文件，如图 1-26 所示。

图 1-26　子目录 ".metadata" 后的内容

(11) 设置完 workspace 的路径，单击 OK 按钮就会显示启动界面。启动完成后程序就会显示一个默认的启动界面，如图 1-27 所示。

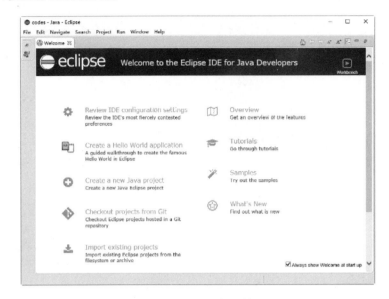

图 1-27　默认的启动界面

1.4.2　创建一个 Eclipse 工程

(1) 运行 Eclipse，在顶部菜单栏中依次选择 File | New | Java Project 命令，新建一个项目，如图 1-28 所示。

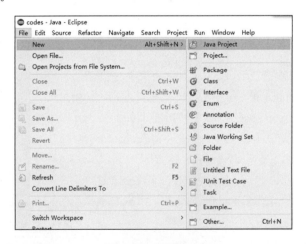

图 1-28　选择命令

(2) 弹出 New Java Project 对话框，在 Project name 文本框中输入项目名称(例如输入"001")，其他选项使用默认设置即可，单击 Finish 按钮，如图 1-29 所示。

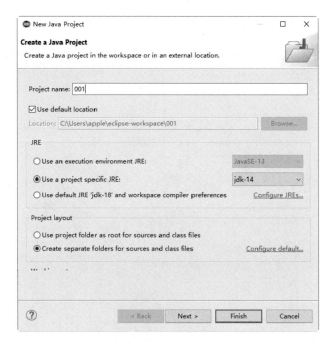

图 1-29　新建项目

(3) 在 Eclipse 窗口左侧的 Package Explorer 面板中，右击工程名称 one，然后在弹出的快捷菜单中依次选择 New | Class 命令，如图 1-30 所示。

图 1-30　依次选择 New | Class 命令

(4) 弹出 Java Class 对话框，在 Name 文本框中输入类名(如 Game)，并分别勾选 public static void main(String[] args)和 Inherited abstract methods 复选框，如图 1-31 所示。

图 1-31　Java Class 对话框

（5）单击 Finish 按钮，Eclipse 会自动打开刚刚创建的类文件 Game.java，如图 1-32 所示。此时 Eclipse 会自动创建一些 Java 代码，提高了开发效率。

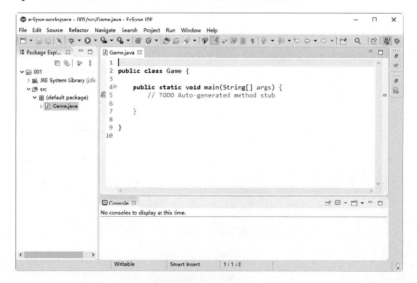

图 1-32　输入代码

(6) 将本章前面的"石头、剪刀、布"代码复制到 Eclipse 中，如图 1-33 所示。

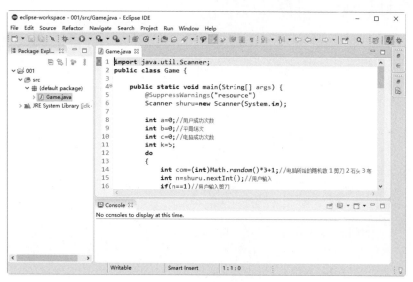

图 1-33　复制的代码

注意

在上面的步骤中，设置的类文件名是 Game，Eclipse 工程中会创建一个名为 Game.java 的文件，并且文件中的代码也体现出了类名是 Game。在图 1-31 和图 1-32 中标注的 3 个 Game 必须大小写完全一致，否则程序就会出错。

(7) 单击 Eclipse 顶部的 ▶ 按钮，编译并运行文件 Game.java，在 Eclipse 底部的控制台中输出显示运行结果，如图 1-34 所示。

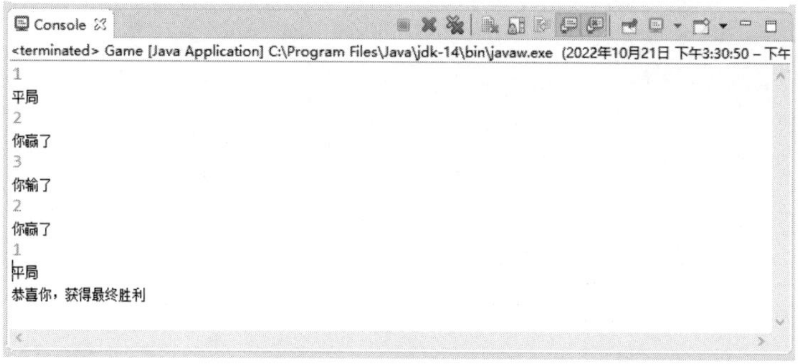

图 1-34　运行后的结果

1.4.3　使用 Eclipse 编译运行源码

（1）本书提供的配套源码被保存在 codes 文件夹中，为了便于用户使用，以 workspace 工程的样式保存。在使用时先将 codes 文件夹的内容复制到本地计算机，然后在 Eclipse 顶部依次选择 File、Open Projects from File…选项，如图 1-35 所示。

图 1-35　单击 Open Projects from File…

（2）弹出 Import Projects from File…对话框，单击 Directory…按钮，找到本地计算机复制的 codes 文件夹中的源码，然后单击右下角的 Finish 按钮即可导入并打开 codes 文件夹中的源码。假设本书第 1 章的代码保存在 E:\codes\001 目录中，则 Eclipse 打开项目对话框的效果如图 1-36 所示。

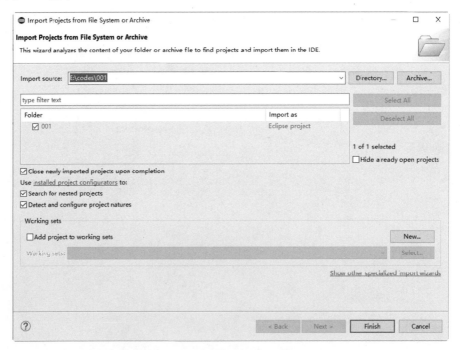

图 1-36　导入 Java 工程

1.5　使用 IntelliJ IDEA

IntelliJ IDEA 是一款著名的开发 Java 程序的集成环境，在业界被公认为是专业级 Java 开发工具之一。IDEA 是 JetBrains 公司的产品，它的旗舰版本支持 HTML、CSS、PHP、MySQL 和 Python 等。免费版只支持 Java 等少数语言。本节将详细介绍使用 IntelliJ IDEA 开发 Java 程序的基础知识。

1.5.1　搭建 IntelliJ IDEA 开发环境

(1) 登录 IntelliJ IDEA 的官方主页，如图 1-37 所示。

图 1-37　IntelliJ IDEA 的官方主页

(2) 单击中间的 DOWNLOAD 按钮，弹出选择安装版本界面，如图 1-38 所示。

(3) 根据自己计算机的操作系统选择合适的版本，例如笔者选择的是 Windows 系统下的 Ultimate 版本，单击此版本下面的 DOWNLOAD 按钮即可开始下载。下载完成会得到一个.exe 格式的安装文件。右击这个文件，在弹出的快捷菜单中选择"以管理员身份运行"。

(4) 开始正式安装，首先弹出"欢迎安装"界面，如图 1-39 所示。

(5) 单击 Next 按钮，弹出"选择安装路径"界面，笔者设置的是 G 盘，如图 1-40 所示。

(6) 单击 Next 按钮，弹出"安装选项"界面，如图 1-41 所示。

在"安装选项"界面有如下两个选项供用户选择。

✧　Create Desktop Shortcut 选项：表示在桌面上创建一个 IntelliJ IDEA 的快捷方式，因为笔者的计算机是 64 位，所以勾选 64-bit launcher 复选框。

✧　Create Assodations 选项：表示关联.java、.jGrooy 和.kt 文件，建议不要勾选，否则每次打开以上 3 种类型的文件都要启动 IntelliJ IDEA，运行速度比较慢，如果仅仅是为了查看文件内容，使用 EditPlus 和记事本之类的轻便编辑器打开会更加快捷。

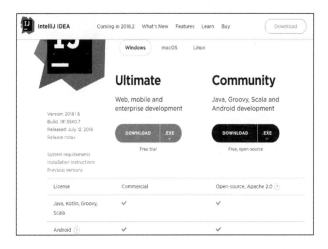

图 1-38　选择安装版本界面

图 1-39　"欢迎安装"界面

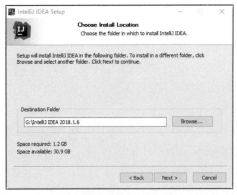

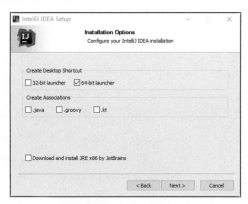

图 1-40　"选择安装路径"界面　　　　图 1-41　"安装选项"界面

（7）单击 Next 按钮，弹出"设置开始菜单中的名称"界面，如图 1-42 所示。

（8）单击 Install 按钮，弹出"安装进度条"界面，如图 1-43 所示。进度条完成时整个安装过程也就完成了。

图 1-42　"设置开始菜单中的名称"界面　　　图 1-43　"安装进度条"界面

1.5.2　使用 IntelliJ IDEA 创建 Java 工程

（1）打开 IntelliJ IDEA 的安装目录，双击 bin 目录下的 idea64.exe，打开 IntelliJ IDEA 窗口，如图 1-44 所示。

（2）单击 Create New Project 选项，弹出 New Project 对话框，在左侧模板中选择 Java，单击 Next 按钮，如图 1-45 所示。

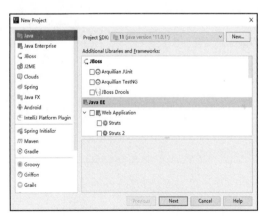

图 1-44　打开 IntelliJ IDEA　　　图 1-45　New Project 对话框

(3) 在弹出的对话框中单击 Next 按钮，如图 1-46 所示。

(4) 在弹出的新对话框中设置工程名字和保存路径(例如设置工程名字为 two，设置保存在 two 目录中)，单击 Finish 按钮，如图 1-47 所示。

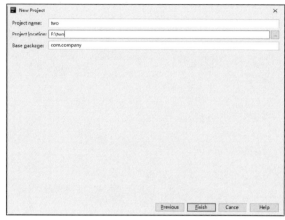

图 1-46　单击 Next 按钮　　　　　　　图 1-47　设置工程名字和保存路径

(5) 此时会成功创建一个空的 Java 工程，如图 1-48 所示。

(6) 右击左侧 src 目录，在弹出的快捷菜单中依次选择 New | JavaClass 选项，如图 1-49 所示。

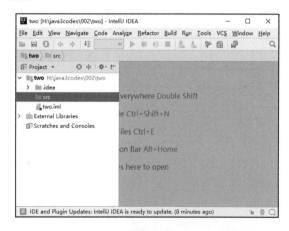

图 1-48　创建的 Java 工程　　　　　　图 1-49　选择 New | JavaClass

(7) 在弹出的对话框中设置程序文件名(例如设置为 First)，单击 OK 按钮，如图 1-50 所示。

(8) 此时会创建一个名 First.java 的 Java 程序文件。

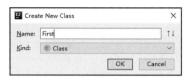

图 1-50　单击 OK 按钮

1.5.3　使用 IntelliJ IDEA 运行 Java 程序

(1) 打开上面刚刚创建的 Java 工程，右击要运行的 Java 文件(例如 First.java)，在弹出的菜单命令中选择 Run'First.main()'命令运行文件 First.java，如图 1-51 所示。

(2) 运行成功后会在 IntelliJ IDEA 底部显示执行效果，如图 1-52 所示。

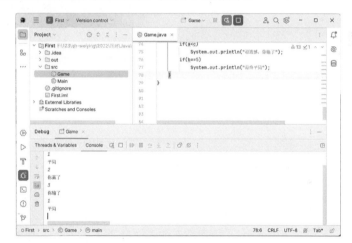

图 1-51　选择 Run'First.main()'命令　　　　　　　　图 1-52　执行效果

1.5.4　使用 IntelliJ IDEA 编译运行"石头、剪刀、布"游戏

使用 Eclipse 创建的工程和使用 IntelliJ IDEA 创建的工程是完全兼容的，也就是说，在使用 Eclipse 创建 Java 工程后，完全可以使用 IntelliJ IDEA 打开这个工程，并且完成工程调试工作。假设本书第 1 章的代码保存在 E:\codes\001 目录中，则打开并编译运行的流程如下。

(1) 依次选择 IntelliJ IDEA 工具栏中的 File | Open 命令，然后选择目录 E:\codes\001 即可打开这个 Java 工程，如图 1-53 所示。

(2) 此时在 IntelliJ IDEA 中成功打开这个工程，如图 1-54 所示。

(3) 右击工程目录中的 Java 程序文件名 Game.java，在弹出的菜单命令中选择 Run…选项即可编译运行这个 Java 文件，如图 1-55 所示。编译运行后的效果如图 1-56 所示。

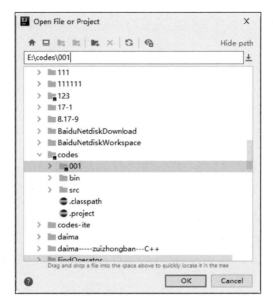

图 1-53　选择要打开的工程

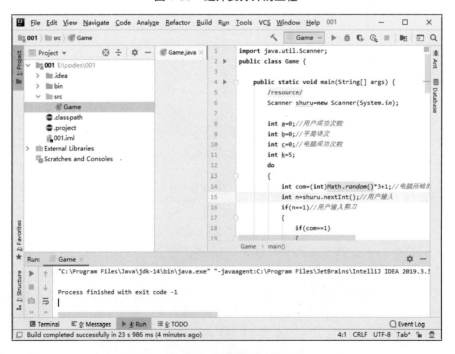

图 1-54　打开后的工程

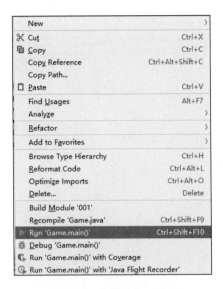

图 1-55 选择 Run…选项

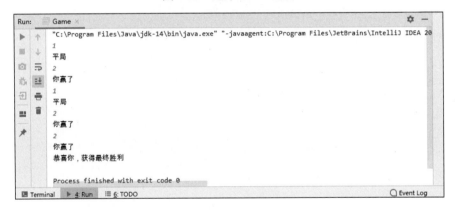

图 1-56 执行效果

第 2 章

Java 基础语法

要想编写出规范、可读性高的 Java 程序，就必须掌握 Java 的基础语法知识。本章将详细讲解 Java 语言的基础语法知识。

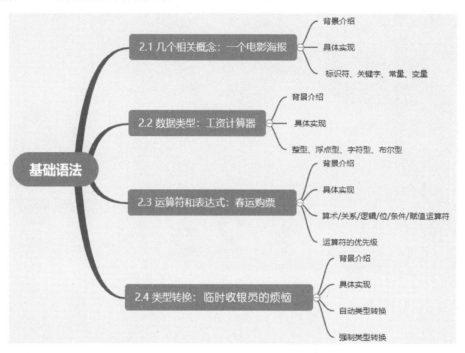

2.1 几个相关概念：一个电影海报

扫码看视频

2.1.1　背景介绍

电影海报在影片上映前发布，用来宣传推广电影。电影海报中要包含电影的简单内容介绍、电影的图片、影片制作的导演、上映日期、配音演员、影片片名等内容。海报的语言要求简明扼要，形式要做到新颖美观。本程序将讲解使用 Java 打印输出某电影海报信息的方法，本项目用到了标识符、关键字、变量、常量和注释等知识。

2.1.2　具体实现

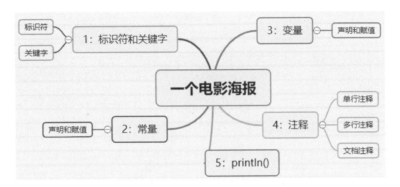

项目 2-1　一个电影海报(　源码路径：codes/002/src/film.java)

本项目的实现文件为 film.java，具体代码如下所示。

```
                                  声明 String 型常量并赋值

public class film {
    public static void main(String args[]){
    final String NAME = "<<金字塔>>";
    int time = 10;
                                  声明 int 型变量并赋值
    System.out.println("      *");
    System.out.println("     ***");
    System.out.println("    *****");
    System.out.println("   *******        x作品");
    System.out.println("  *********        AA  BB领衔主演 ");
    System.out.println("==========================");
    System.out.println("      探远古文明  寻历史真相");
    System.out.println(time+"月1日, "+NAME + "不见不散! ");
    System.out.println("==========================");
    }
}
                                  分别调用变量 time 和常量 NAME 的值
```

执行结果如下：

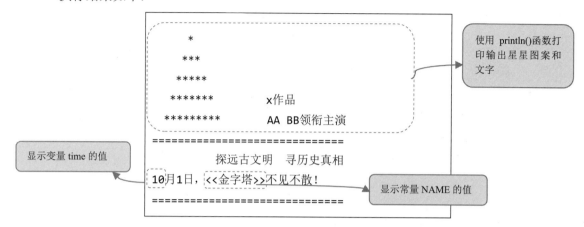

2.1.3 标识符和关键字

1. 标识符

在 Java 程序中，使用的变量名、函数名、标号等被统称为标识符。在上面的"一个电影海报"例子中有如下代码：

```java
final String NAME = "<<金字塔>>";
int time = 10;
```

> int 和 String 就是关键字，NAME 和 time 是标识符

Java 标识符可由大小写字母、数字、美元符号($)组成，但不能以数字开头。

2. 关键字

关键字是 Java 系统保留使用的标识符，也就是说只有 Java 系统才能使用，程序员不能使用这样的标识符，关键字是 Java 中特殊保留字，到目前为止，Java 语言保留的关键字如表 2-1 所示。

表 2-1　Java 关键字

abstract	boolean	break	byte	case	catch	char	class	const	continue
default	do	double	else	extends	final	finally	float	for	goto
if	implements	import	instanceof	int	interface	long	nafive	new	package
private	protected	public	return	short	static	strictfp	super	switch	synchronized
this	throw	throws	transient	try	void	volatile	while	assert	auto

表 2-1 中的 goto 和 const 是两个保留字(reserved word)，保留字的意思是 Java 现在还未使用这两个单词作为关键字，但可能在未来的 Java 版本中会使用这两个单词作为关键字。

2.1.4　常量

在程序执行过程中，其值不发生变化的数据类型被称为常量，其值可以变化的数据类型被称为变量。在 Java 中使用关键字 final 定义常量，并且经常用大写字母表示常量名。例如，在上面的项目"一个电影海报"中，NAME 就是一个常量。

```
final String NAME = "<<金字塔>>";
```
> 使用关键字 final 声明了一个 String 类型的常量，这个常量的名字是 NAME，并为其赋值为<<金字塔>>

在程序文件 film.java 中，"<<金字塔>>"这个值是固定不变的。

📖 练一练

2-1：某班级优秀学生的名字和年龄(🔑源码路径：codes/002/src/chang.java)

2-2：显示某舍友的年龄(🔑源码路径：codes/002/src/Quan.java)

2.1.5　变量

在 Java 程序中声明变量时必须为其分配一个数据类型。例如，在上面的项目"一个电影海报"中，time 就是一个变量。

```
int time = 10;
```
> 声明了一个 int 类型的变量，这个变量的名字是 time，并为其赋值为数字 10

📖 练一练

2-3：打印某学生英语四级的成绩(🔑源码路径：codes/002/src/Eng.java)

2-4：计算长方形和三角形的面积(🔑源码路径：codes/002/src/Area.java)

2.1.6　注释

注释是对程序语言的说明，有助于开发者和用户之间的交流，方便理解程序。因为注释不是编程语句，所以被编译器忽略。也就是说，在编译运行一个 Java 程序时，注释不会被编译运行。Java 支持以下 3 种注释方式。

1. 单行注释

单行注释以双斜杠 "//" 标识, 只能注释一行内容, 用在注释信息内容少的地方。例如, 在上面的项目"一个电影海报"例子中用到的就是单行注释:

```
final String NAME = "<<金字塔>>";     //NAME 是一个常量
int time = 10;                        //time 是一个变量
System.out.println("      *");        //开始打印星星
```

这 3 行都是单行注释

2. 多行注释

多行注释包含在 "/*" 和 "*/" 之间, 能注释很多行的内容。为了实现比较好的可读性, 一般不在首行和尾行写注释信息(这样也比较美观好看)。

```
public class First {
    /*
        *这是一个 main()方法
        *main()是 Java 程序的入口
    */
    public static void main(String[] args){
        System.out.println("我是明教教主张无忌！");   //输出显示双引号中的内容
    }
}
```

这是多行注释

注意 多行注释可以嵌套单行注释, 但是不能嵌套多行注释和文档注释

这是单行注释

3. 文档注释

文档注释包含在 "/**" 和 "*/" 之间, 也能注释多行内容, 一般用在类、方法和变量中, 用来描述其作用。注释后, 鼠标放在类和变量上面会自动显示出注释的内容。

```
/**
    *类名: First
    * 注意 First 的大小写
    *注意 First 必须和当前文件名一致
*/
public class First{
    ......
}
```

在/**和*/之间的这些内容都是文档注释

注意 文档注释可以嵌套单行注释, 不能嵌套多行注释和文档注释, 一般首行和尾行也不写文档注释信息

2.2 数据类型：工资计算器

扫码看视频

2.2.1　背景介绍

　　舍友 A 利用业余时间在麦当劳打工赚零花钱，在工作 1 月后，快到他发薪水的日子了，众舍友翘首以盼，让他在学校旁边的餐厅请大家吃饭。此时舍友 A 正在计算他会获得多少薪水。下面列出了麦当劳兼职生薪水待遇信息，也列出了舍友 A 上个月的出勤情况：

　　　◇　工作 20 天，每天 3 小时，1 小时 15 元。
　　　◇　请假 4 天，每天扣除 30 元。
　　　◇　交通补助每天 5 元，每月按照实际出勤天数计算。

2.2.2　具体实现

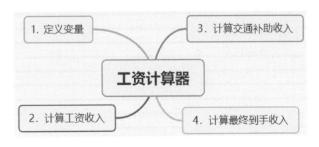

项目 2-2 工资计算器(源码路径: codes/002/src/math.java)

本项目的实现文件为 math.java,具体代码如下所示。

```java
public class math {
    public static void main(String args[])    {
        int m = 3;
        int b = 15;
        int a = 20;
        int l = 4;
        int c = 30;
        int jiao = 5 * 20;
        int zong = m * b * a;
        System.out.println("上个月工资收入: " + zong + "元");
        System.out.println("上个月交通补助收入: " + jiao + "元");
        int f = zong + jiao-l * c;

        System.out.println("扣除请假后的最终到手收入是: " + f + "元");
    }
}
```

变量 m: 表示每天 3 小时
变量 b: 表示 1 小时 15 元
变量 a: 表示工作 20 天
变量 l: 表示请假 4 天
变量 c: 表示每天扣工资 30 元

计算 20 天的交通补助

计算上个月的工资总数

计算扣除请假后的最终到手收入

执行结果如下:

上个月工资收入:900元

上个月交通补助收入:100元

扣除请假后的最终到手收入是:880 元

2.2.3 整型

Java 数据类型的具体分类如图 2-1 所示。

整型就是整数类型,在 Java 中有如下 4 种整数类型。

◇ int: 这是 Java 中最常用的整数类型,是 32 位、有符号的以二进制补码表示的整数。最小值是 $-2,147,483,648(-2^{31})$,最大值是 $2,147,483,647(2^{31}-1)$。

◇ short: 是 16 位、有符号的以二进制补码表示的整数,最小值是 $-32768(-2^{15})$,最大值是 $32767(2^{15}-1)$。

◇ long: 是 64 位、有符号的以二进制补码表示的整数,最小值是 $-9,223,372,036,854,775,808(-2^{63})$,最大值是 $9,223,372,036,854,775,807(2^{63}-1)$。

◇ byte: 是 8 位、有符号的以二进制补码表示的整数,最小值是 $-128(-2^7)$,最大值

是 $127(2^7-1)$。

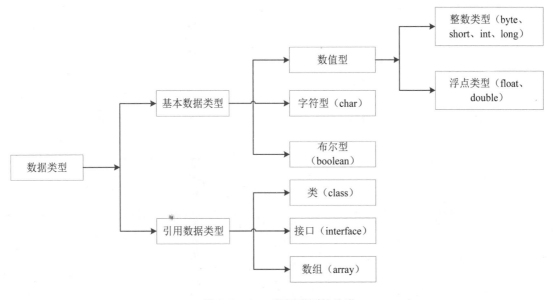

图 2-1 Java 数据类型的分类

2.2.4 浮点型

浮点型数据表示有小数部分的数字，总共由两种类型组成：单精度浮点型(float)和双精度浮点型(double)，具体如下：

◇ 单精度浮点型 float：单精度浮点型是专指占用 32 位存储空间的单精度数据类型，在编程过程中，当需要小数部分且对精度要求不高时，一般使用单精度浮点型，这种数据类型很少用。

◇ 双精度浮点型 double：双精度浮点型是指占用 64 位存储空间的双精度数据类型，双精度浮点型在计算中占有很大的比重，双精度浮点型能够保证数值的准确性。

2.2.5　字符型

字符型数据通常用于表示单个的字符，在 Java 中，字符型数据用关键字 char 定义，在赋值时必须使用单引号括起来。在 Java 中有如下 3 种表示字符型常量的形式：

◇　直接通过单个字符来指定字符常量：例如，'A'、'9'和'0'等。

◇　通过转义字符表示特殊字符常量：例如，'\n'和'\f'等。

◇　直接使用 Unicode 值来表示字符常量，格式是'\uXXXX'，其中 XXXX 代表一个 16 进制的整数。

📖🔍 练一练

2-9：打印输出特殊符号(📝源码路径：codes/002/src/Zifu.java)

2-10：打印输出一个单引号(📝源码路径：codes/002/src/Dan.java)

2.2.6　布尔型

布尔型是一种表示逻辑值的数据类型，用于表示逻辑上的"真"或"假"，它是所有的诸如 a＜b 这样的关系运算的返回类型。Java 中用关键字 boolean 定义布尔型数据，其值只能是 true 或 false 中的一个，不能用 0 或者非 0 来代表，true 表示"真"，false 表示"假"。

实例 2-1　使用强制类型转换(📝源码路径：codes/002/src/boll.java)

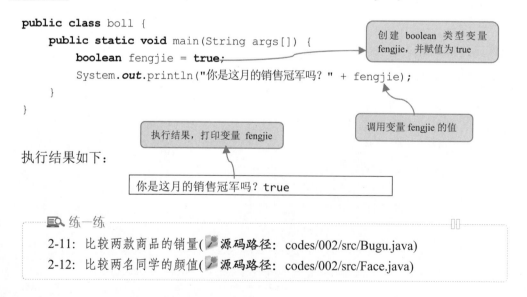

```
public class boll {
    public static void main(String args[]) {
        boolean fengjie = true;
        System.out.println("你是这月的销售冠军吗？" + fengjie);
    }
}
```

创建 boolean 类型变量 fengjie，并赋值为 true

调用变量 fengjie 的值

执行结果如下：

执行结果，打印变量 fengjie

你是这月的销售冠军吗？true

📖🔍 练一练

2-11：比较两款商品的销量(📝源码路径：codes/002/src/Bugu.java)

2-12：比较两名同学的颜值(📝源码路径：codes/002/src/Face.java)

2.3　运算符和表达式：春运购票

扫码看视频

2.3.1　背景介绍

春运，每年一次。抢票主要有网上抢票、电话订票、排队买票三种方式，本程序将使用 Java 语言简略展示小王的某次购票历程。

2.3.2　具体实现

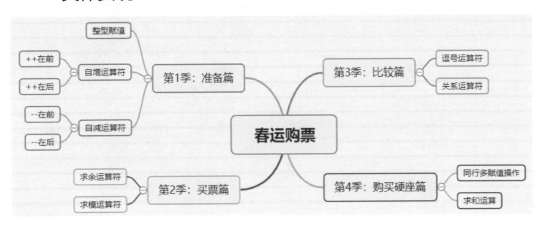

项目 2-3　春运购票(🖊源码路径：codes/002/src/DuringSpring.java)

本项目的实现文件为 DuringSpring.java，具体代码如下所示。

```java
public class DuringSpring {
    public static void main(String[] args) {
        System.out.println("---一个春运买票的故事，如有雷同，纯属巧合！---\n");
        System.out.println("---第1季：准备篇---\n");
        System.out.println("在一个美好的日子，小王登录了买票APP！");
        int a=100,b;
        b=a++;

        System.out.println("当时囊中羞涩，只有"+b+"块钱,");
        a=100;
        b=++a;
        System.out.println("舍友救济给我1块后，拥有了资金"+b+"块钱,开始买票。");
        a=100;
        b=a--;
        System.out.println("在买票前买了一张优惠券，还剩"+b+"块钱。");
        System.out.println("---第2季：买票篇---\n");
        int number,i,j,k,m;
        System.out.println("想要在回家路上舒服一点，看看卧铺吧！！！");
        number = 999;
        i=number/1000;         //求该数的千位数字
        j=number%1000/100;     //求该数的百位数字
        k=number%1000%100/10;  //求该数的十位数字
        m=number%1000%100%10;  //求该数的个位数字
        System.out.println("在看到价格"+j+k+m+"后，心已经凉了。");
        System.out.println("--------第2季结束--------");
        System.out.println("------第3季：比较篇----\n");
        System.out.println("--------硬座和卧铺大比拼---------");
        System.out.println("卧铺票是999元，硬座票是学生打折80元，真实惠。");
        boolean jieguo;
        int d=999,e=80;
        jieguo=(d>e);
        System.out.println("卧铺票钱加上给妹妹买的礼物，这需要花费"+jieguo+"元！");
        System.out.println("--------第3季结束--------\n");
        System.out.println("---第4季：购买硬座篇---");
        int p=6,l=7,x;
        x=p+l;
```

被直接打印输出，后面的"\n"代表换行

声明两个整型变量 a 和 b，赋值变量 a 的值是 100，b 的值是 a++

输出变量 b 的值

对变量 a 和 b 重新赋值，将变量 a 放在自增符号后面

对变量 a 和 b 重新赋值，将变量 a 放在自减符号前面

输出变量 b 的值

/是自求余运算符 %是求模运算符

999 后面的"，"是逗号运算符，"jieguo=(d>e)"是一个关系表达式

使用逗号运算符在同一行代码声明 p、l 和 x，+是求和运算符，而"x=p+l;"是一个求和运算表达式

```
        System.out.println("在思考了"+x+"小时后，最终决定买硬座，因为便宜！");
    }
}
```

执行结果如下：

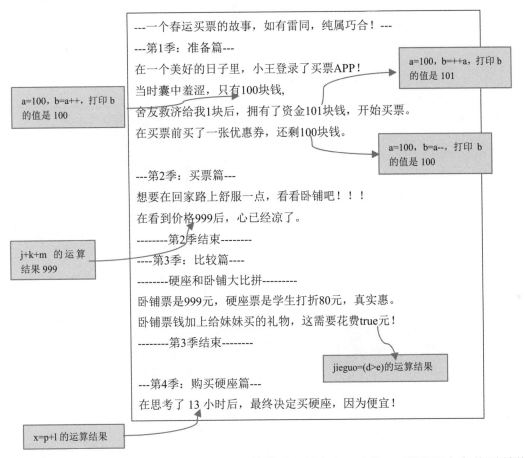

---一个春运买票的故事，如有雷同，纯属巧合！---

---第1季：准备篇---

在一个美好的日子里，小王登录了买票APP！

当时囊中羞涩，只有100块钱，

舍友救济给我1块后，拥有了资金101块钱，开始买票。

在买票前买了一张优惠券，还剩100块钱。

---第2季：买票篇---

想要在回家路上舒服一点，看看卧铺吧！！！

在看到价格999后，心已经凉了。

--------第2季结束--------

----第3季：比较篇----

--------硬座和卧铺大比拼---------

卧铺票是999元，硬座票是学生打折80元，真实惠。

卧铺票钱加上给妹妹买的礼物，这需要花费true元！

--------第3季结束--------

---第4季：购买硬座篇---

在思考了 13 小时后，最终决定买硬座，因为便宜！

a=100，b=a++，打印 b 的值是 100

a=100，b=++a，打印 b 的值是 101

a=100，b=a--，打印 b 的值是 100

j+k+m 的运算结果 999

jieguo=(d>e)的运算结果

x=p+1 的运算结果

上述代码用到了 Java 中几乎所有的基础语法知识。例如，用到了本章前面所学的变量、常量，也用到了即将学习的运算符和表达式。

2.3.3　算术/关系/逻辑/位/条件/赋值运算符

算术运算符就是用来处理数学运算的符号，这是最简单，也是最常用的符号。算术表达式如图 2-2 所示。

在图 2-2 中的算式 2+7=9，符号"+"是一个运算符(加法运算符)，整个式子"2+7=9"

就是一个表达式(加法表达式)。Java 将算术运算符分为基本运算符、取模运算符和递增/递减运算符等几大类。具体说明如表 2-2 所示。

2+7=9		1.2+1.7=2.9
7-2=5		7.1-2.1=5
2*5=10		2.1*10=?
10/5=2		10/5.1=?
算术表达式		此处留有悬念

图 2-2　算术表达式

表 2-2　算术运算符

运算符类型	运算符	说　明	算术表达式举例
四则运算符	+	加法	10 + 10 = 20
	-	减法	10 – 10 = 0
	*	乘法	10 * 10 = 100
	/	除法	10 / 10 = 1
取余运算符	%	取余	10 % 3 = 1
递增或递减	++	递增	a++等效于 a = a + 1
	– –	递减	a– –等效于 a = a – 1

1．四则运算符

在 Java 程序中，四则运算符是使用最广泛的一类运算符，包括加、减、乘、除四种，其运算规则与数学四则运算完全相同。

2．取余运算符

在 Java 中，取余运算的功能是使用第一个运算数除以第二个运算数，将得到的余数作为结果。例如，19 ÷ 3 = 6 余 1，这里的 1 就是一个余数。使用求余运算符的两个运算数不但可以为正，而且还可以为负；不但可以是整型数，而且还可以是浮点型数。在使用取余运算符时，计算结果的正负取决于前面一个数是正数还是负数，不取决于后面的数。

> 📖🔍 练一练
>
> 2-13：比较两款商品的销量(🖊源码路径：codes/002/src/yi0101.java)
>
> 2-14：计算两个负数的取余运算(🖊源码路径：codes/002/src/er0202.java)

3．递增递减运算符

递增递减运算符分别是指"++"和"– –"，每执行一次，变量将会增加 1 或者减少 1，它可以放在变量的前面，也可以放在变量的后面。比如，a = 5，"a++"后，a 将变为 6。请看一个问题：在 "a++" 后 a 变为 6，"++a" 呢，怎么变化？"++a" 后，a 也会变为 6。需要注意，两者在实际运用中差异很大。"a++" 是自身先自加 1，然后再用自加后的值参与表达式运算和赋值；"++a" 是先进行表达式运算和赋值，然后再进行自加。比如下面的代码中，A、X 的初值都是 5。执行后，B 为 6，Y 为 5。

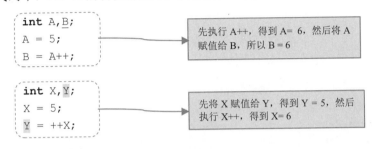

```
int A,B;
A = 5;
B = A++;
```
先执行 A++，得到 A= 6，然后将 A 赋值给 B，所以 B = 6

```
int X,Y;
X = 5;
Y = ++X;
```
先将 X 赋值给 Y，得到 Y = 5，然后执行 X++，得到 X= 6

4．关系运算符

在数学运算中有大于或者小于、等于、不等于的关系，在程序中可以使用关系运算符来表示上述关系。变量 A 的值为 10，变量 B 的值为 20，在表 2-3 中列出了使用 Java 关系运算符计算变量 A 和变量 B 的过程。通过这些关系运算符会产生一个结果，这个结果是一个布尔值，即 true 或 false，在 Java 中任何类型的数据都可以用 "==" 进行比较是否相等，用 "!=" 比较是否不等，只有数字才能比较大小，关系运算的结果可以直接以布尔值表示。

表 2-3　关系运算符

运算符	描　　述	例　子
==	检查如果两个操作数的值是否相等，如果值相等则条件为真	(A == B)为假
!=	检查如果两个操作数的值是否不等，如果值不相等则条件为真	(A != B)为真
>	检查左操作数的值是否大于右操作数的值，如果是，那么条件为真	(A > B)为假
<	检查左操作数的值是否小于右操作数的值，如果是，那么条件为真	(A < B)为真
>=	检查左操作数的值是否大于或等于右操作数的值，如果是，那么条件为真	(A > = B)为假
<=	检查左操作数的值是否小于或等于右操作数的值，如果是，那么条件为真	(A <= B)为真

5．逻辑运算符

布尔逻辑运算符是最常见的逻辑运算符，用于对 Boolean 型操作数进行布尔逻辑运算，在 Java 中的布尔逻辑运算符如表 2-4 所示。

逻辑运算符与关系运算符的结果一样，都是 Boolean 类型的值。在 Java 程序设计中，"&&" 和 "||" 布尔逻辑运算符不总是对运算符右边的表达式求值，如果使用逻辑与 "&"

和逻辑"|",则表达式的结果可以由运算符左边的操作数单独决定。通过表 2-5,读者可以了解常用逻辑运算符号"&&""||""!"运算后的结果。

表2-4　布尔逻辑运算符

运算符	说　明	运算符	说　明
&&	与(AND)	|	简化或(Short-circuit OR)
||	或(OR)	&	简化并(Short-circuit AND)
∧	异或(XOR)	!	非(NOT)

表2-5　逻辑运算符

A	B	A&&B	A||B	!A
false	false	false	false	true
false	true	false	true	true
true	false	false	true	false
true	true	true	true	false

6. 位运算符

在 Java 中,使用位运算符操作二进制数据。位运算(Bitwise Operators)可以直接操作整数类型的位,这些整数类型包括 long、int、short、char 和 byte。Java 语言中位运算符的具体说明如表 2-6 所示。

表2-6　位运算符

运算符	说　明	运算符	说　明
~	按位取反运算	>>	右移
&	按位与运算	>>>	右移并用 0 填充
|	按位或运算	<<	左移
∧	按位异或运算		

表 2-7 中列出了操作数 A 和操作数 B 按位运算的结果。

移位运算符把数字的位向右或向左移动,产生一个新的数字。Java 的右移运算符有两个,分别是>>和>>>。

◇ >>运算符:把第一个操作数的二进制码右移指定位数后,左边空出来的位以原来的符号位来填充。即如果第一个操作数原来是正数,则左边补 0。如果第一个操作数是负数,则左边补 1。

❖ >>>运算符：把第一个操作数的二进制码右移指定位数后，左边空出来的位总是以 0 来填充。

表 2-7　位运算结果

操作数 A	操作数 B	A|B	A&B	A^B	~A
0	0	0	0	0	1
0	1	1	0	1	1
1	0	1	0	1	0
1	1	1	1	0	0

> 📖 练一练
>
> 2-15：计算 2^3 的结果(🔑源码路径：codes/002/src/yi005.java)
> 2-16：计算~a 的结果(🔑源码路径：codes/002/src/Demo02.java)

7. 条件运算符

在 Java 中，条件运算符也称三目或三元运算符，使用条件运算符的语法格式如下：

变量=(布尔表达式)?为 true 时所赋予的值:为 false 时所赋予的值;

实例 2-2　用户满意度调查(🔑源码路径：codes/002/src/diao.java)

假设麦当劳规定的用户满意度合格成绩是 90 或 90 分以上，请编码实现用户满意度调查功能。

本实例通过定义一个初始值为 95 的 double 类型变量 data，实现用户满意度调查功能，代码如下：

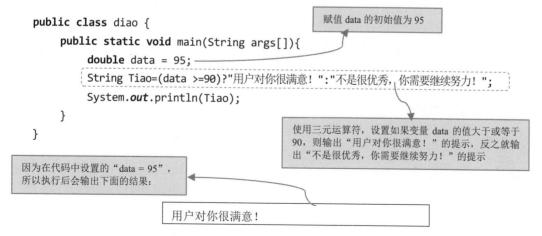

```java
public class diao {
    public static void main(String args[]){
        double data = 95;
        String Tiao=(data >=90)?"用户对你很满意！":"不是很优秀，你需要继续努力！";
        System.out.println(Tiao);
    }
}
```

赋值 data 的初始值为 95

使用三元运算符，设置如果变量 data 的值大于或等于 90，则输出"用户对你很满意！"的提示，反之就输出"不是很优秀，你需要继续努力！"的提示

因为在代码中设置的"data = 95"，所以执行后会输出下面的结果：

用户对你很满意！

8. 赋值运算符

赋值运算符是一个等号 "=",Java 语言中的赋值运算与其他计算机语言中的赋值运算一样,起到了一个赋值的作用。

```
int x,y,z;
x = y = z = 100;
```

第 1 行声明了 3 个 int 型变量 x、y 和 z,第 2 行使用了一个赋值语句对变量 x、y、z 都赋值为 100

表 2-8 中列出了 Java 语言支持的赋值运算符。

表 2-8　赋值运算符

运算符	描　述	例　子
=	简单的赋值运算符,将右操作数的值赋给左操作数	C = A + B 将把 A + B 得到的值赋给 C
+ =	加和赋值运算符,它把左操作数和右操作数相加赋值给左操作数	C + = A 等价于 C = C + A
- =	减和赋值运算符,它把左操作数和右操作数相减赋值给左操作数	C - = A 等价于 C = C - A
* =	乘和赋值运算符,它把左操作数和右操作数相乘赋值给左操作数	C * = A 等价于 C = C * A
/ =	除和赋值运算符,它把左操作数和右操作数相除赋值给左操作数	C / = A 等价于 C = C / A
(%)=	取模和赋值运算符,它把左操作数和右操作数取模后赋值给左操作数	C % = A 等价于 C = C % A
<< =	左移位赋值运算符	C << = 2 等价于 C = C << 2
>> =	右移位赋值运算符	C >> = 2 等价于 C = C >> 2
& =	按位与赋值运算符	C & = 2 等价于 C = C & 2
^ =	按位异或赋值运算符	C ^ = 2 等价于 C = C ^ 2
| =	按位或赋值运算符	C | = 2 等价于 C = C | 2

9. 运算符的优先级

数学中的运算都是从左向右运算的,在 Java 中除了单目运算符、赋值运算符和三目运算符外,大部分运算符也是从左向右结合的,单目运算符、赋值运算符和三目运算符是从右向左结合的。表 2-9 中列出了包括分隔符在内的所有运算符的优先级顺序,上一行中的运算符总是优先于下一行的。

表 2-9　Java 运算符的优先级

运算符	Java 运算符
分隔符	. [] ( ) {} , ;
单目运算符	++　--　～　!
强制类型转换运算符	(type)
乘法/除法/求余	*　　/　　%
加法/减法	+ -
移位运算符	<< >> >>>
关系运算符	<　<= >=　>　instanceof
等价运算符	==　　!=
按位与	&
按位异或	^
按位或	|
条件与	&&
条件或	||
三目运算符	?:
赋值	=　+=　-=　*=　/=　&=　|=　^=　%=　<<=　>>=　>>>=

2.4　类型转换：临时收银员的烦恼

扫码看视频

2.4.1　背景介绍

位于宿舍一楼的小超市是学生们的最爱，即使在半夜也能买到舍友口中的夜宵王者：

方便面。近日，超市经营者生病住院，临时让老父亲帮忙看店。老爷爷年逾七旬，在算账方面经常感到无能为力。某天，舍友 A 到超市购物，购买牙膏 2 盒，面巾纸 4 盒。其中牙膏的价格是 10.9 元，面巾纸的价格是 5.8 元。请编写一个 Java 程序，帮助老爷爷计算舍友 A 所购买商品的总价格。

2.4.2 具体实现

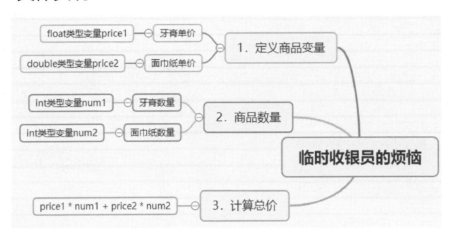

项目 2-4 临时收银员的烦恼(**源码路径**: codes/002/src/zi.java)

本项目的实现文件为 zi.java，具体代码如下所示。

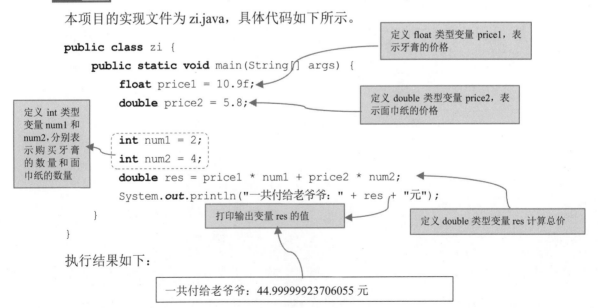

```java
public class zi {
    public static void main(String[] args) {
        float price1 = 10.9f;
        double price2 = 5.8;

        int num1 = 2;
        int num2 = 4;
        double res = price1 * num1 + price2 * num2;
        System.out.println("一共付给老爷爷: " + res + "元");
    }
}
```

定义 float 类型变量 price1，表示牙膏的价格

定义 double 类型变量 price2，表示面巾纸的价格

定义 int 类型变量 num1 和 num2，分别表示购买牙膏的数量和面巾纸的数量

定义 double 类型变量 res 计算总价

打印输出变量 res 的值

执行结果如下：

一共付给老爷爷: 44.99999923706055 元

通过上面的执行结果可知，最终程序 zi.java 的运行结果比较怪异，得到的结果是 44.99999923706055，这是由 Java 的数据类型转换所导致的。接下来将详细讲解 Java 数据类型转换的知识。

2.4.3 自动类型转换

在项目 2-4 中，用 double 类型变量 res 表示总价，这涉及了不同数据类型的混合运算问题。代码如下：

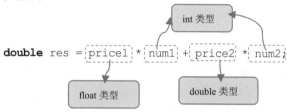

从项目 2-4 的执行结果可以看出，float、int 和 double 三种数据类型参与运算，最后输出的结果为 double 类型的数据。这种转换一般称为"自动类型转换"，也称"隐式转换"。当把一个取值范围小的数值或变量直接赋给另一个取值范围大的变量时，Java 系统可以进行自动类型转换，取值范围小的可以向取值范围大的进行自动类型转换。如同有两瓶水，当把小瓶里水倒入大瓶中时不会有任何问题。Java 支持自动类型转换的类型如图 2-3 所示。

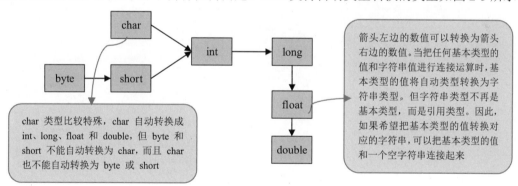

图 2-3 自动类型转换图

2.4.4 强制类型转换

强制类型转换也称显式转换，如果希望把图 2-3 中箭头右边的类型转换为左边的类型，则必须使用强制转换实现。Java 中强制类型转换的语法格式如下：

```
(type)variableName
```

其中参数说明如下。

◇ type：表示 variableName 要转换成的数据类型。

◇ variableName：表示要进行类型转换的变量名称。

```
int a = 3;
double b = 5.0;
a = (int)b;
```

首先将 double 类型变量 b 的值强制转换成 int 类型，然后将值赋给 a，但是变量 b 本身的值没有发生变化

在强制类型转换中，如果是将浮点类型的值转换为整数类型，则直接去掉小数点后边的所有数字；如果是整数类型强制转换为浮点类型，则需要在小数点后面补零。

实例 2-3　使用强制类型转换(📁源码路径：codes/002/src/qiang.java)

继续解决"项目 2-4"求商品总价格的问题，要求在计算总价时采用 int 类型的数据进行存储。实现代码如下：

```java
public class qiang {
    public static void main(String[] args) {
        float price1 = 10.9f;
        double price2 = 5.8;
        int num1 = 2;
        int num2 = 4;
        int res2 = (int) (price1 * num1 + price2 * num2);
        System.out.println("一共付给老爷爷" + res2 + "元");
    }
}
```

计算 price1 * num1 + price2 * num2，并将计算结果强制转换为 int 类型

执行结果如下：

一共付给老爷爷 44 元

本实例有 double、float 和 int 类型的数据参与运算，其运算结果默认为 double 类型，题目要求的结果为 int 类型，因为 int 类型的取值范围要小于 double 类型的取值范围，所以需要进行强制类型转换

第 3 章

流程控制语句

　　Java 程序语言有三种程序结构：顺序结构、选择结构、循环结构。顺序结构是最基本的结构，即程序按代码的编写顺序一行一行地运行。要想编写出功能强大的程序代码，光靠顺序结构是不行的，还必须使用选择结构和循环结构，而要实现这两种结构，就必须使用流程控制语句。Java 程序常用的控制语句有：if 条件语句、switch 分支语句、while 循环语句。本章将详细讲解 Java 语言流程控制语句的知识。

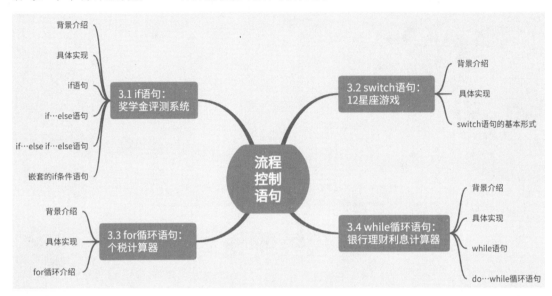

3.1　if 语句：奖学金评测系统

扫码看视频

3.1.1 背景介绍

学校为鼓励大家努力学习，推出了奖学金制度，依据每学期的期末考试成绩作为评测标准。本学期期末考试的成绩已经统计完毕，学校决定总成绩大于等于 300 分是一等奖学金，大于等于 280 分是二等奖学金，大于等于 250 分是三等奖学金，成绩低于 250 分没有奖学金。本程序将使用 Java 语言的 if 语句来评测某学生是否获得奖学金。

3.1.2 具体实现

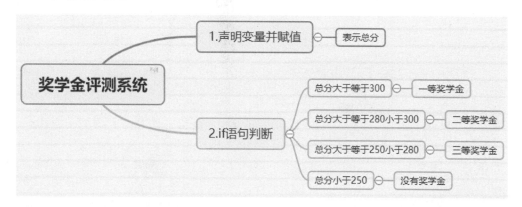

项目 3-1　奖学金评测系统(源码路径：codes/003/src/Scholarship.java)

本项目的实现文件为 Scholarship.java，假设某学生的成绩是 310，则通过如下代码可以测试该学生是否获得奖学金。

```java
public class Scholarship {
    public static void main(String args[]){
        int total = 310;
```
变量 total 表示这名学生的成绩，初始值是 310

如果变量 total 的值大于等于 300，则打印输出"获得一等奖学金！"

```java
        if(total >=300)
            System.out.println("获得一等奖学金！");
```

如果变量 total 的值大于等于 280 小于 300，则打印输出"获得二等奖学金！"

```java
        else if(total >=280)
            System.out.println("获得二等奖学金！");
```

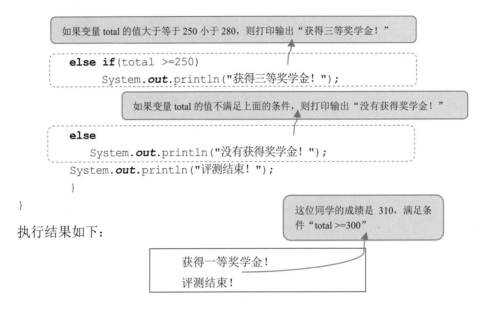

如果变量 total 的值大于等于 250 小于 280，则打印输出"获得三等奖学金！"

```java
        else if(total >=250)
            System.out.println("获得三等奖学金！");
```

如果变量 total 的值不满足上面的条件，则打印输出"没有获得奖学金！"

```java
        else
            System.out.println("没有获得奖学金！");
        System.out.println("评测结束！");
    }
}
```

执行结果如下：

这位同学的成绩是 310，满足条件"total >=300"

获得一等奖学金！

评测结束！

3.1.3　if 语句

在 Java 程序语言中，if 语句是假设语句，关键字 if 的中文意思是"如果"。if 语句的语法格式如下：

```java
if(条件表达式){
    代码块；
}
```

在上述语法格式中，关键字 if 后紧跟一对小括号，在任何时候不能省略该对小括号。条件表达式在小括号的内部，条件表达式的结果为 boolean 类型。因为 boolean 类型只有 true 和 false 两个取值，所以条件表达式的结果只能为 true 或 false。如果条件表达式的结果为 true，则执行代码块继续处理其后的下一条语句；如果条件表达式的结果为 false，则跳过该语句并继续处理紧跟着的整个 if 语句的下一条语句。

请看下面的例子，定义了 int 型变量 a 并赋值为 10，先判断 a 是否为正数，再判断 a 是否为偶数。

第 1 个 if 条件判断变量 a 的值是否大于等于零，如果条件成立则输出后面的"a 是正数"

```java
int a = 10;
if(a >= 0)
    System.out.println("a 是正数");
```

第 2 个 if 条件判断变量 a 是否为偶数，如果条件成立则输出后面的"a 是偶数"

```java
if( a % 2 == 0)
    System.out.println("a 是偶数");
```

3-1：判断输入的小数必须合法(🖉 **源码路径**：codes/003/src/in003.java)

3-2：判断某一年是否为闰年(🖉 **源码路径**：codes/003/src/LeapYear001.java)

3.1.4　if…else 语句

使用简单 if 语句，并不能处理不符合条件表达式的内容。例如，在项目 3-1 中，如果学生 A 的成绩是 310，而学生 B 的成绩是 320，则无法做出判断。如果想要输出不符合条件表达式的内容，就需要使用 if…else 语句，其基本语法格式如下：

```
if(条件表达式){
    代码块1;
}
else{
    代码块2;
}
```

在上述语法格式中，如果条件表达式成立则执行代码块 1，如果条件表达式不成立则执行代码块 2。

实例 3-1　比较同学 A 和同学 B 的成绩(🖉 **源码路径**：codes/003/src/Compare.java)

在本实例中，使用 if…else 语句比较两名同学的成绩，代码如下：

```
public class Compare{
  public static void main(String args[]){
    int A = 310;
    int B = 320;

    if(A>B){
      System.out.println("同学 A 的成绩比同学 B 的成绩高");
    }

    else{
      System.out.println("同学 B 的成绩比同学 A 的成绩高");
    }
  }
}
```

变量 A 表示同学 A 的成绩
变量 B 表示同学 B 的成绩

如果 A 的成绩大于 B 则打印输出"同学 A 的成绩比同学 B 的成绩高"

否则打印输出"同学 B 的成绩比同学 A 的成绩高"

执行结果如下:

> 同学 B 的成绩比同学 A 的成绩高

📖🔍 练一练

3-3: 比较两名同学颜值的高低(📝源码路径: codes/003/src/Yan.java)

3-4: 判断 2023 年是不是闰年(📝源码路径: codes/003/src/Run.java)

3.1.5 if…else if…else 语句

在 Java 程序语言中,可以使用 if…else if…else 语句对多种情况进行判断,其语法格式如下:

```
if(条件表达式1){
    代码块1;
}
else if(条件表达式2){
    代码块2;
}
else if(条件表达式3){
    代码块3;
}
...
else if(条件表达式n){
    代码块n;
}
else{
    代码块n+1;
}
```

> 首先判断条件表达式 1 的值,当为 true 时执行后面的代码块 1,当为 false 时,跳过代码块 1,判断条件表达式 2 的值;当条件表达式 2 为 true 时执行后面的代码块 2,当条件表达式 2 为 false 时,跳过代码块 2,判断条件表达式 3 的值;…;当条件表达式 n 为 true 时执行后面的代码块 n,当条件表达式 n 为 false 时,跳过代码块 n,执行代码块 n+1

📖🔍 练一练

3-5: 奖学金评测系统(📝源码路径: codes/003/src/Jiang.java)

3-6: 验证用户名和密码是否合法(📝源码路径: codes/003/src/yong.java)

3.1.6 嵌套 if 条件语句

在 Java 程序语言中,嵌套的 if…else 语句是合法的。我们可以在一个 if 语句、if…else 语句或者 if…else if…else 语句中使用另一个 if 语句、 if…else 语句或者 if…else if…else

语句。

实例 3-2　女子组跳远项目选拔赛(📄源码路径：codes/003/src/Tiao.java)

　　某学校规定：跳远成绩大于等于 5 米的女生可以直接进入女子组跳远项目的决赛。假设女同学 A 的成绩是 6 米，请编写 Java 程序，判断 A 是否有直接进入女子组跳远项目的决赛资格。代码如下：

```java
public class Tiao {
    public static void main(String[] args) {
        int score = 6;
        String sex = "女";

        if (score >= 5) {
            if (sex.equals("女")) {
                System.out.println("进入女子组决赛");

            } else {
                System.out.println("进入男子组决赛");
            }
        } else {
            System.out.println("不能直接进入决赛");
        }
    }
}
```

同学 A 的成绩是 6，性别是"女"

如果成绩是大于等于 5，并且性别是"女"，则输出"进入女子组决赛"

如果成绩是大于等于 5，并且性别不是"女"，则输出"进入男子组决赛"

如果成绩是小于 5，则输出"不能进入决赛"

执行结果如下：

进入女子组决赛

3.2　switch 语句：12 星座游戏

扫码看视频

3.2.1 背景介绍

舍友们正在探讨新合作的重要性，A 说经过详细分析，发现宿舍的兄弟们很合得来。大家问他是怎么分析的，A 说是通过所属的星座分析的。在本项目中，将编写一个 Java 程序，首先提示用户输入一个 4 位数字，再根据这个数字所处的范围进行判断，其中前两位是月份，后两位是日期。在这里使用 switch 语句判断出生的月份，然后根据日期确定星座名称。

3.2.2 具体实现

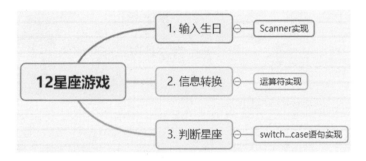

项目 3-2 十二星座游戏(📝源码路径：codes/003/src/Star.java)

本项目的实现文件为 Star.java，具体实现代码如下：

```java
import java.util.Scanner;                  ——→ 导入文本输入模块 Scanner
public class Star {
    public static void main(String[] args)
    {
        System.out.println("请输入您的出生年月(如 0123 表示 1 月 23 日): ");
        Scanner sc=new Scanner(System.in);   ——→ 获取用户在控制台输入的生日信息

        int monthday=sc.nextInt();
        int month=monthday/100;               将输入的信息转换为 int 类型
        int day=monthday%100;                 整除 100 得到月份
                                              整除 100 的余数得到日期
        String xingzuo="";
        switch (month)       如果月份是 1: 日小于 21 是摩羯座，否则是水瓶座
        {
        case 1:
            xingzuo=day<21?"摩羯座":"水瓶座";
            break;
```

```
    case 2:
        xingzuo=day<20? "水瓶座":"双鱼座";
        break;
```
如果月份是 2: 日小于 20 是水瓶座, 否则是双鱼座

```
    case 3:
        xingzuo=day<21?"双鱼座":"白羊座";
        break;
```
如果月份是 3: 日小于 21 是双鱼座, 否则是白羊座

```
    case 4:
        xingzuo=day<21?"白羊座":"金牛座";
        break;
```
如果月份是 4: 日小于 21 是白羊座, 否则是金牛座

```
    case 5:
        xingzuo=day<22?"金牛座":"双子座";
        break;
```
如果月份是 5: 日小于 22 是金牛座, 否则是双子座

```
    case 6:
        xingzuo=day<22?"双子座":"巨蟹座";
        break;
```
如果月份是 6: 日小于 22 是双子座, 否则是巨蟹座

```
    case 7:
        xingzuo=day<23?"巨蟹座":"狮子座";
        break;
```
如果月份是 7: 日小于 23 是巨蟹座, 否则是狮子座

```
    case 8:
        xingzuo=day<24?"狮子座":"处女座";
        break;
```
如果月份是 8: 日小于 24 是狮子座, 否则是处女座

```
    case 9:
        xingzuo=day<24?"处女座":"天秤座";
        break;
```
如果月份是 9: 日小于 24 是处女座, 否则是天秤座

```
    case 10:
        xingzuo=day<24?"天秤座":"天蝎座";
        break;
```
如果月份是 10: 日小于 24 是天秤座, 否则是天蝎座

```
    case 11:
        xingzuo=day<23?"天蝎座":"射手座";
        break;
```
如果月份是 11: 日小于 23 是天蝎座, 否则是射手座

```
    case 12:
        xingzuo=day<22?"射手座":"摩羯座";
        break;
    }
    System.out.println("您的星座是: " +xingzuo);
    }
}
```
如果月份是 12: 日小于 23 是射手座, 否则是摩羯座

根据 switch 的判断结果打印输出这位用户的星座

如果执行后输入生日"0111",则执行结果如下：

> 根据 switch 的判断结果打印输出这位用户的星座

请输入您的出生年月(如 0123 表示 1 月 23 日):

0111

您的星座是：摩羯座

3.2.3　switch 语句的基本形式

在 Java 程序语言中，switch 语句能够对某个条件进行多次判断，具体语法格式如下：

```
switch(整数选择因子) {
    case 整数值1 : 语句; break;
    case 整数值2 : 语句; break;
    case 整数值3 : 语句; break;
    case 整数值4 : 语句; break;
    case 整数值5 : 语句; break;
    ...
    default:语句;
}
```

在上述格式中，"整数选择因子"必须是 byte、short、int、String 和 char 类型，每个 value 必须是与"整数选择因子"类型兼容的一个常量，而且不能重复。"整数选择因子"是一个特殊的表达式，能产生整数值。switch 能将整数选择因子的结果与每个整数值比较。如果发现相符的，就执行对应的语句(简单或复合语句)。如果没有发现相符的，就执行 default 语句。

▊ 注意 ▊

在上面 switch 使用语句的基本格式中，每一个 case 均以一个 break 结尾。这里的 break 是可选的。如果省略 break，会继续执行后面的 case 语句的代码，直到遇到一个 break 为止。需要注意的是，最后的 default 语句没有 break，因为执行流程已到了 break 的跳转目的地。当然，如果考虑到编程风格方面的原因，完全可以在 default 语句的末尾放置一个 break，尽管它并没有任何实际的用处。

📖 练一练

3-7：某商铺的抽奖游戏(📁 源码路径：codes/003/src/Chou.java)

3-8：显示"某个月份有多少天"(📁 源码路径：codes/003/src/Tian.java)

3.3　for 循环语句：个税计算器

3.3.1　背景介绍

政府规定，所有公民需要缴纳个税，工资个税的计算公式如下：

应纳税额=(工资薪金所得 –"五险一金"–扣除数) ×适用税率–速算扣除数

起征点 5000 元，不同月收入的缴税标准如下：

全月应纳税所得额	税率	速算扣除数(元)
全月应纳税额不超过 1500 元	3%	0
全月应纳税额超过 1500 元至 4500 元	10%	105
全月应纳税额超过 4500 元至 9000 元	20%	555
全月应纳税额超过 9000 元至 35000 元	25%	1005
全月应纳税额超过 35000 元至 55000 元	30%	2755
全月应纳税额超过 55000 元至 80000 元	35%	5505
全月应纳税额超过 80000 元	45%	13505

请编写一个 Java 程序，执行后通过键盘输入用户的月薪，按 Enter 键后可以计算出对应的个税金额。

3.3.2 具体实现

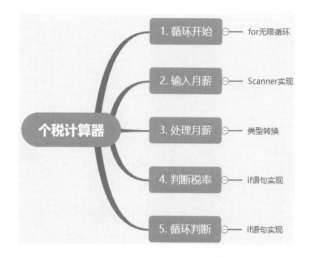

项目 3-3 个税计算器(源码路径: codes/003/src/TaxCalculator.java)

本项目的实现文件为 TaxCalculator.java，具体实现代码如下:

```java
import java.util.Scanner;
public class TaxCalculator {
    public static void main(String[] args) {
        Scanner s=new Scanner(System.in);
        System.out.println("*****工资个税计算器*****");
        for (int i = 0; true; i++) {
            System.out.println("请输入月薪: ");
            double Salary = s.nextDouble();
            double mSalary= Salary-5000;//应纳税所得额
            double shui=0;//应纳税额
            if (mSalary<=0){
                System.out.println("不需要交税");
            } else if (mSalary<=1500) {
                shui=mSalary*0.03;
            }else if (mSalary<=4500){
                shui=mSalary*0.1-105;
            }else if (mSalary<=9000){
                shui=mSalary*0.2-555;
            }else if (mSalary<=35000){
                shui=mSalary*0.25-1005;
```

for 循环开始，这是一个无限循环

获取输入的月薪,并转换为 double 类型

如果月薪低于等于 5000，则不需要缴纳个税

应纳税所得额在 1500~4500 之间

```
    }else if (mSalary<=55000){
        shui=mSalary*0.3-2755;
    }else if (mSalary<=80000){
        shui=mSalary*0.35-5505;
    }else {
        shui=mSalary*0.45-13505;
    }
    System.out.println("个税="+shui);
    double Income=Salary-shui;
    System.out.println("薪资="+Income);
    System.out.println("输入88，退出程序！输入66继续！");
    int comm= s.nextInt();
    if (comm==88){
        System.out.println("程序结束！");
        break;
    }else if (comm==66){
        System.out.println("计算下一个！");
        continue;
    }
    }
}
}
```

应纳税所得额在 35000～55000 之间

分别打印输出应缴个税金额和税后收入金额

如果输入 "88" 则退出 for 循环

如果输入 "66" 则继续 for 循环

执行结果如下：

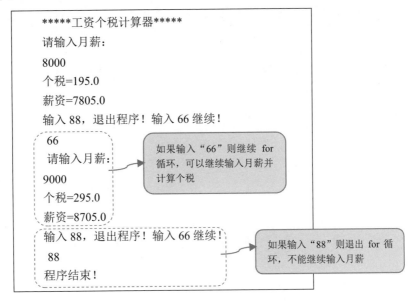

```
*****工资个税计算器*****
请输入月薪：
8000
个税=195.0
薪资=7805.0
输入88，退出程序！输入66继续！
66
请输入月薪：
9000
个税=295.0
薪资=8705.0
输入88，退出程序！输入66继续！
88
程序结束！
```

如果输入 "66" 则继续 for 循环，可以继续输入月薪并计算个税

如果输入 "88" 则退出 for 循环，不能继续输入月薪

3.3.3 for 循环介绍

在 Java 程序语言中，for 循环基本语句是最为常见的一种循环语句，其语法格式如下：

```
for(初始化表达式；布尔表达式；更新) {
    语句块；
}
```

在一个 for 语句中也可以使用另外一个 for 语句，这就是 for 循环嵌套语句，其语法格式如下：

```
for(初始化表达式；布尔表达式；更新) {            //执行 m 次
    ...
    for(初始化表达式；布尔表达式；更新) {        //执行 n 次
        语句块；
        ...
    }
}
```

上述嵌套的执行过程是外循环执行一次，内循环执行 n 次，然后外循环执行第 2 次，内循环再执行 n 次，直到外循环执行完 m 次为止，内循环也会终止。

> 📖 练一练
>
> 3-9：打印输出小九九乘法表(📎源码路径：codes/003/src/Cheng.java)
> 3-10：计算 1 到 100 所有整数的和(📎源码路径：codes/003/src/He.java)

3.4 while 循环语句：银行理财利息计算器

扫码看视频

3.4.1 背景介绍

某银行推出了一款理财产品，年利率 7%。向来省吃俭用的舍友 A，决定将积攒的所有家当 10000 元购买此款理财产品，每存一年后取出本息再次购买这款理财产品。假设利息一直不变，请问多少年后可以获得本息 12000 元？请使用 while 循环语句编写一个 Java 程序。

3.4.2 具体实现

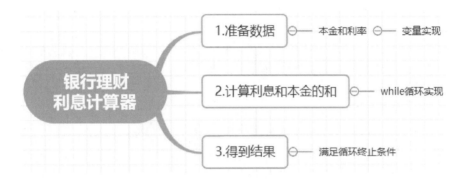

项目 3-4 银行理财利息计算器(源码路径：codes/003/src/Calculate.java)

本项目的实现文件为 Calculate.java，具体实现代码如下：

```java
public class Calculate{
    public static void main(String[] args) {
        double principal = 10000;
        double interestRate = 1.07;
        double principal_interest = principal ;
        int year = 0;
        do{
            principal_interest = principal_interest * interestRate;
            year = year + 1;
        }while(principal_interest<12000);
        System.out.println((year)+"年末本息一共："+principal_interest+"元");
    }
}
```

变量 principal 表示最初的本金，变量 interestRate 表示年利率

变量 principal_interest 表示本息，初值是本金 principal

循环开始

每一年的利息

只要本息少于 12000 就一直循环

执行结果如下：

> 3 年末本息一共：12250.43 元

3.4.3　while 语句

在 Java 程序语言中，当不知道重复执行语句块或语句需要多少次时，使用 while 语句是最好的选择。while 循环语句的格式如下：

```
while(condition){
    语句块;
}
```

在上述格式中，当 condition 为真时循环执行大括号中的循环，一直到条件为假时再退出循环体。如果第一次条件表达式就是假，那么将会忽略 while 循环；如果条件表达式一直为真，那么 while 循环将一直执行。

> 📖 练一练
>
> 3-11：计算 10 的阶乘(🔑源码路径：codes/003/src/Factorid.java)
> 3-12：打印输出 10000 以内的水仙花数(🔑源码路径：codes/003/src/si.java)

3.4.4　do...while 循环语句

在许多程序中会存在这种情况：当条件为假时也需要执行语句一次。初学者可以这么理解，在执行一次循环后再测试表达式的值。在这种情况下，需要用到 do...while 循环语句，其语法格式如下：

```
do{
    语句块;
} while(condition)
```

> 先执行一次再判断表达式，如果表达式为真则循环继续，如果表达式为假则循环到此结束

> 注意
> do...while 语句与 while 循环非常相似，不同点在于它至少会执行一次循环体，因为该条件表达式在循环的最后

> 📖 练一练
>
> 3-13：计算 1~100 所有偶数的和(🔑源码路径：codes/003/src/er.java)
> 3-14：计算 1+1%2!+1%3!(🔑源码路径：codes/003/src/Main.java)

第 **4** 章

操作字符串

　　字符串由一系列字符组成，可以是简单的文本消息、用户输入、文件内容或其他任何形式的文本信息。在 Java 等编程语言中，字符串常被用于用户界面的交互、数据的存储与传输、文本的搜索和替换等多种场景。本章将详细讲解 Java 字符串的知识。

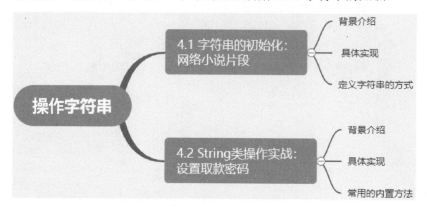

4.1 字符串的初始化：网络小说片段

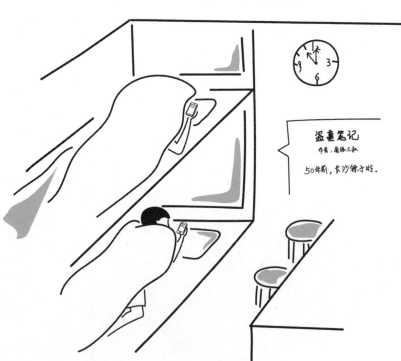

扫码看视频

4.1.1 背景介绍

在这个互联网飞速发展并十分普及的时代，网络小说得到了迅猛发展，深受广大读者的青睐。现在是深夜 23:30，四名舍友都躺在被窝里认真钻研曾经风靡一时的网络小说《盗墓笔记》。本项目用 Java 语言打印输出了小说中的前三句内容。

4.1.2 具体实现

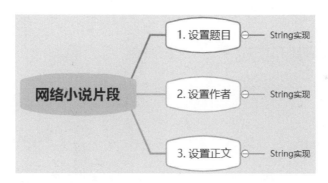

项目 4-1 网络小说片段(源码路径：codes/004/src/Story.java)

本项目的实现文件为 Story.java，具体代码如下所示。

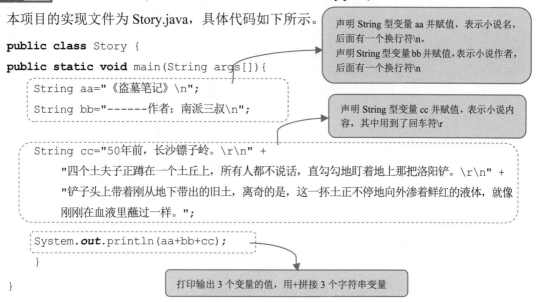

声明 String 型变量 aa 并赋值，表示小说名，后面有一个换行符\n。
声明 String 型变量 bb 并赋值，表示小说作者，后面有一个换行符\n

声明 String 型变量 cc 并赋值，表示小说内容，其中用到了回车符\r

```java
public class Story {
public static void main(String args[]){
    String aa="《盗墓笔记》\n";
    String bb="------作者：南派三叔\n";

    String cc="50年前，长沙镖子岭。\r\n" +
        "四个土夫子正蹲在一个土丘上，所有人都不说话，直勾勾地盯着地上那把洛阳铲。\r\n" +
        "铲子头上带着刚从地下带出的旧土，离奇的是，这一抔土正不停地向外渗着鲜红的液体，就像刚刚在血液里蘸过一样。";

    System.out.println(aa+bb+cc);
    }
}
```

打印输出 3 个变量的值，用+拼接 3 个字符串变量

执行结果如下：

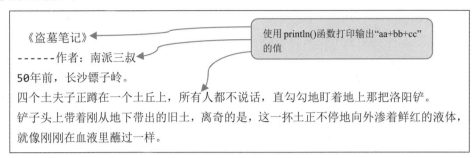

《盗墓笔记》

------作者：南派三叔

50年前，长沙镖子岭。

四个土夫子正蹲在一个土丘上，所有人都不说话，直勾勾地盯着地上那把洛阳铲。

铲子头上带着刚从地下带出的旧土，离奇的是，这一抔土正不停地向外渗着鲜红的液体，就像刚刚在血液里蘸过一样。

使用 println()函数打印输出"aa+bb+cc"的值

4.1.3　定义字符串的方式

在 Java 程序语言中，定义字符串有如下两种方式。

1. 直接定义

直接定义字符串是指用双引号("")把 0 个或多个字符组成的有限序列括起来，赋值给一个 String 类型的变量。例如：

```
String str;
str="Hello 老师";
```

先声明了一个名为 str 的字符串变量，然后创建字符串"Hello 老师"并赋值给字符串变量 str

也可以把声明和创建字符串的代码合并为一行代码：

```
String str="Hello 老师";
```

2. 使用类 String 定义

在 Java 程序语言中，提供了内置类 String 来实现对字符串的创建，每个用双引号定义的字符串都是类 String 的对象。类 String 提供了许多构造方法来定义字符串，具体如下：

- ✧　String()：创建一个空的字符串对象，即字符串长度为 0，但不代表对象为 null。
- ✧　String(String original)：根据一个字符串常量值来创建一个字符串对象。
- ✧　String(char value[])：将 char 数组中的元素拼接成一个字符串对象。
- ✧　String(char value[], int offset, int count)：将一个 char 数组截取一定的范围转换成一个字符串对象，其中第一个参数是 char 数组，第二个参数是截取开始的下标，第三个参数为截取的位数。
- ✧　String(byte[] bytes)：将一个 byte 数组转换成一个字符串对象。
- ✧　String(byte bytes[], int offset, int length)：将一个 byte 数组截取一定的范围转换成一

个字符串对象，其中第一个参数是 byte 数组，第二个参数是截取开始的下标，第三个参数为截取的位数。

- ◇ String(byte bytes[], int offset, int length, String charsetName)：方法同上，区别在于上一个是按照平台默认编码格式进行转换，而这个是按照指定编码格式进行转换。

▌注意▐

构造方法将在本书第 6 章详细讲解，数组将在本书第 5 章详细讲解。读者在这里只需记住可以使用上述方法来创建字符串即可，在学习完后面的知识之后，就会自然而然理解前面这些方法。

使用构造方法 String()创建内容为"我的名字是毛毛"的字符串的格式如下：

```
String a=new String();          //创建一个字符串对象 a
a="我的名字是毛毛";              //给对象 a 赋值
```

在上面的这段代码中，首先创建了一个名为 a 的 String 对象，此时 a 只是一个空的字符串，然后将 a 赋值为"我的名字是毛毛"。

使用构造方法 String(String original)创建内容为"我的名字是毛毛"的字符串的格式如下：

```
String s=new String("我的名字是毛毛");
```

这两种方法创建的字符串本质上是完全相同的

4.2　String 类操作实战：设置取款密码

扫码看视频

4.2.1　背景介绍

银行要求用户设置取款密码，大家可以登录网银设置，也可以通过 ATM 机设置。在设置时需要设置两次，以确保密码的正确性。本实例编写一个 Java 程序，模拟用户设置取款密码的过程。

4.2.2　具体实现

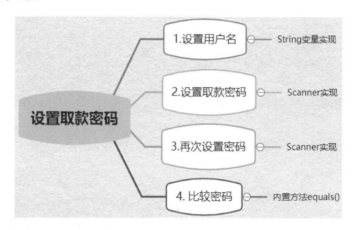

项目 4-2　设置取款密码(源码路径：codes/004/src/Bank.java)

本项目的实现文件为 Bank.java，具体代码如下所示。

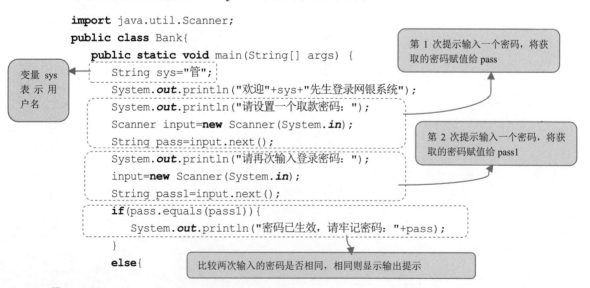

```java
import java.util.Scanner;
public class Bank{
    public static void main(String[] args) {
        String sys="管";
        System.out.println("欢迎"+sys+"先生登录网银系统");
        System.out.println("请设置一个取款密码: ");
        Scanner input=new Scanner(System.in);
        String pass=input.next();
        System.out.println("请再次输入登录密码: ");
        input=new Scanner(System.in);
        String pass1=input.next();
        if(pass.equals(pass1)){
            System.out.println("密码已生效，请牢记密码: "+pass);
        }
        else{
```

变量 sys 表示用户名

第 1 次提示输入一个密码，将获取的密码赋值给 pass

第 2 次提示输入一个密码，将获取的密码赋值给 pass1

比较两次输入的密码是否相同，相同则显示输出提示

```
            System.out.println("两次密码不一致, 请重新设置。");
        }
    }
}
```

比较两次输入的密码是否相同, 如果不相同则输出
"两次密码不一致, 请重新设置"

执行结果如下:

欢迎管先生登录网银系统	欢迎管先生登录网银系统
请设置一个取款密码:	请设置一个取款密码:
666888	123456
请再次输入登录密码:	请再次输入登录密码:
666888	234567
密码已生效, 请牢记密码: 666888	两次密码不一致, 请重新设置。

两次输入的密码相同

两次输入的密码不相同

4.2.3　常用的内置方法

类 String 不仅可以用来创建字符串, 而且还提供很多操作字符串的方法, 如比较、追加、截取字符串等。常用的内置方法如下:

❖　方法 concat(): 返回字符串中指定索引位置的字符。

❖　方法 concat(String str2): 将字符串 str2 连接到字符串 str1 的结束位置, 并返回合成的新字符串。

❖　方法 compareTo(String anotherString): 按字符的 ASCII 码值对字符串进行大小比较, 返回整数值。若当前对象比参数大则返回正整数, 反之则返回负整数, 相等则返回 0。比较时先比较第一个字符, 如果字符一样再比较第二个字符, 以此类推。

❖　方法 compareToIgnore(String anotherString): 与 compareTo 方法相似, 但忽略大小写。

❖　方法 equals(Object anotherObject): 该方法用来比较当前字符串和参数字符串中存储的内容是否一致。如果内容一致返回 true, 否则返回 false。与之前介绍的 "==" 不同, "==" 比较的是地址, 而 equals() 比较的是地址中存储的值。

❖　方法 length(): 获取指定字符串的长度。

❖　方法 replace(CharSequence target, CharSequence replacement): 该方法可以实现将指定字符序列(target)替换成新的字符序列(replacement), 并返回一个新的字符串。

❖　方法 replaceFirst(String regex, String replacement): 该方法用来将第一个指定的字符串或者第一个匹配的子串(regex)替换成新的字符串(replacement)。

❖　方法 replaceAll(String regex, String replacement): 该方法用来将所有指定的字符串

或者匹配的子串(regex)替换成新的字符串(replacement)。

✧ 方法 substring(int begin)：该方法能够返回字符串中指定范围内的子字符串，返回的范围从参数"begin"指定的索引开始，一直到这个字符串的末尾结束为止。

✧ 方法 substring(int beginIndex, int endIndex)：该方法返回字符串中的指定范围的子字符串，返回的范围开始于 beginIndex 指定的索引，到索引 endIndex－1 处结束。

✧ 方法 toLowerCase()：该方法可以将字符串中所有大写字母转换成小写字母。

✧ 方法 toUpperCase()：该方法可以将字符串中所有小写字母转换为大写字母。

✧ 方法 trim()：将字符串的开头和结尾的空格去掉。

✧ 方法 indexOf()和 lastIndexOf()：查找某个特定字符或者字符串(子串)在另一个字符串中出现的位置。

🔍 练一练

4-1：设置合法密码的长度(🔑源码路径：codes/004/src/Yanzheng.java)

4-2：替换字符串的内容(🔑源码路径：codes/004/src/Ti.java)

4-3：提取手机号码的后 4 位(🔑源码路径：codes/004/Phone.java)

4-4：实现字母的大小写转换(🔑源码路径：codes/004/Conver.java)

第 5 章

Java 数组

在 Java 程序中，数组是一种十分常用的数据类型，能够将相同类型的数据用一个标识符封装到一起。在一个数组中可以保存多个数据元素，例如可以保存一周中的 7 天：星期一、星期二、星期三、星期四、星期五、星期六、星期日。本章将详细讲解 Java 数组的知识和用法。

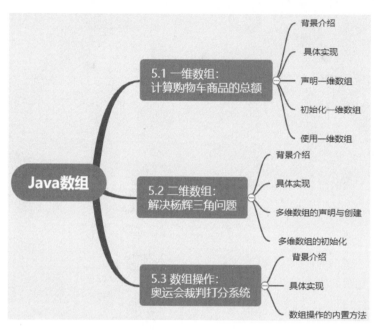

5.1 一维数组：计算购物车商品的总额

扫码看视频

5.1.1　背景介绍

一年一度的双十一购物节即将来临，我将信息的商品都放到了购物车，然后美美地睡了一觉，并做了一个梦：我的意中人是一个盖世英雄，他会在双十一那天出现，身披金甲圣衣，脚踏七色祥云，来清空我的购物车。本程序将展示使用 Java 数组统计购物车中所有商品的总额。

5.1.2　具体实现

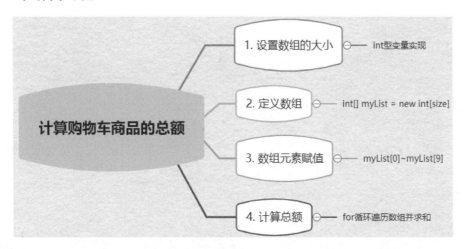

项目 5-1　计算购物车商品的总额(　源码路径：codes/005/src/TestArray.java)

本项目的实现文件为 TestArray.java，具体代码如下所示。

```java
public class TestArray {
public static void main(String[] args) {
    int size = 10;
    int[] myList = new int[size];
    myList[0] = 56;
    myList[1] = 45;
    myList[2] = 33;
    myList[3] = 32;
    myList[4] = 40;
    myList[5] = 333;
    myList[6] = 30;
    myList[7] = 545;
```

变量 size 用于设置数组的大小，表示在数组中可以保存 10 个元素。定义的数组名为 myList

为数组中的 10 个元素（myList[0]~ myList[9]）赋值，每个元素表示购物车中每一种商品的价格

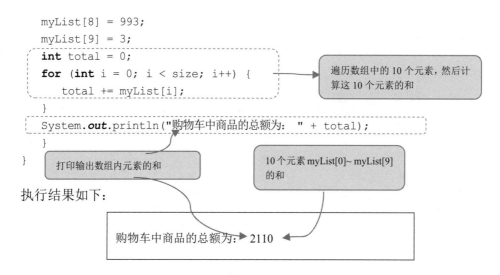

```
    myList[8] = 993;
    myList[9] = 3;
    int total = 0;
    for (int i = 0; i < size; i++) {
        total += myList[i];
    }
    System.out.println("购物车中商品的总额为: " + total);
    }
}
```

遍历数组中的 10 个元素, 然后计算这 10 个元素的和

打印输出数组内元素的和

10 个元素 myList[0]~ myList[9] 的和

执行结果如下:

购物车中商品的总额为: 2110

5.1.3 声明一维数组

数组是某一类元素的集合体。在 Java 程序中, 可以将数组看作是由某一类数据组成的一个对象, 其中元素的数据类型可以是 Java 中任意的数据类型。在使用数组之前, 需要先声明并创建数组。

1. 声明数组

在 Java 程序语言中有如下两种声明一维数组的格式:

数组元素类型 数组名[];
数组元素类型[] 数组名;

在上述语法格式中, []表示所声明的变量是一个一维数组。例如下面是声明一维数组的示例代码:

```
int[] array;            //声明 int 型的数组
boolean[] array;        //声明布尔类型的数组
float[] array;          //声明单精度浮点类型的数组
double[] array;         //声明双精度浮点类型的数组
```

2. 创建数组

在声明数组后, 接下来需要创建这个数组。创建数组的实质是为数组申请相应的存储空间。创建一维数组的语法格式如下:

数组名 = new 数组元素类型[数组元素个数];

　数组元素的个数也称数组长度，可以通过数组对象的 length 属性获取。使用 new 关键字分配数组时，必须指定数组长度。示例代码如下：

int[] a;

a = **new int**[10];

> 先声明了一个 int 型数组 a，然后创建了一个含有 10 个 int 型元素的数组，并且将创建的数组对象赋给数组 a

在 Java 程序语言中，可以把数组的声明与创建合并在一起，语法格式如下：

数组元素类型　数组名 = new 数组元素类型[数组元素个数];

5.1.4　初始化一维数组

　数组变量与基本类型变量一样，需要进行初始化操作，即为数组中的每个元素赋值。一维数组的初始化方法有如下三种：

　(1) 静态初始化：所谓静态初始化，就是在声明数组时直接按照所声明数组的数据类型指定每个数组元素的初始值。一维数组的静态初始化语法格式如下：

数组元素类型[] 数组名 = {元素 1,元素 2,元素 3,…,元素 n};　　　　//第 1 种方式

数组元素类型[] 数组名 = new 数组元素类型[]{元素 1,元素 2,…,元素 n};　　//第 2 种方式

　(2) 动态初始化：所谓动态初始化，实质上就是创建数组。当数组被创建时，必须指定其长度，系统会自动按照数据类型为数组元素分配初始值。例如，创建 int 型数组，指定其长度为 10，则系统会默认为这 10 个元素赋初始值 0。一维数组的动态初始化语法格式如下：

数组元素类型[] 数组名 = new 数组元素类型[数组长度];

　(3) 通过数组下标为数组赋值：数组通过位置来区分其中不同的元素，这里的位置也称下标或索引，数组下标的取值范围从 0 到数组长度减 1 为止。示例代码如下：

int[] a={1,2,3,5,8,9,10};

　上述代码创建了一个名为 a 的 int 型数组，其中含有 7 个元素，因此数组中元素的下标为 0~6。此时，这个数组的内部结构如图 5-1 所示。

　因此，创建数组之后，可以使用数组名结合下标的方式为每个元素赋值，语法格式如下：

数组元素类型[] 数组名 = new 数组元素类型[数组长度];

数组名[下标 0] = 数值 1;

数组名[下标 1] = 数值 2;

…

数组名[数组长度-1] = 数值 n;

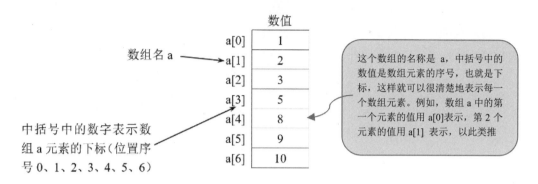

图 5-1　一维数组内部结构

在上述三种初始化数组的方法中，读者可以根据实际情况和自己的习惯选择使用其中一种。下面的代码展示了初始化一维数组的三种方法：

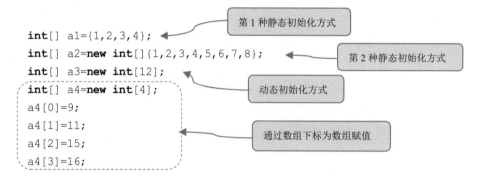

5.1.5　使用一维数组

1. 获取数组的长度

创建数组之后，可以通过数组对象的 length 属性获取其长度，例如：

```java
int[] a=new int[10];
int length=a.length();
```

2. 获取单个数组元素

获取单个数组元素，只需指定元素所在数组的下标即可。语法格式如下：

```java
arrayName[index];
```

其中，arrayName 表示数组变量，index 表示下标。

> **注意**
>
> 数组中第一个元素的下标是 0，下标为 array.length-1 表示获取最后一个元素。当指定的下标值超出数组的总长度时，会抛出 ArrayIndexOutOfBoundsException 异常。

3. 遍历数组元素

当数组中的元素数量不多时，可以使用下标逐个获取元素。如果数组中的元素过多，可以使用循环语句实现获取全部元素。一般情况下，我们可以使用 for 循环遍历数组元素，语法格式如下：

```
for(int i=0;i<数组名.length;i++){
    …//要执行的语句，如"System.out.println(数组名[i]);"等
}
```

> **练一练**
>
> 5-1：计算学生的平均成绩(源码路径：codes/005/src/Stu.java)
>
> 5-2：计算某学生的总成绩(源码路径：codes/005/src/Aver.java)

5.2　二维数组：解决杨辉三角问题

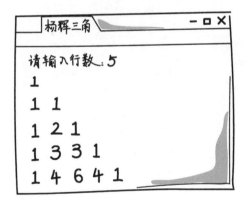

扫码看视频

5.2.1　背景介绍

杨辉三角是 1261 年，我国南宋数学家杨辉在其著作《详解九章算法》中给出的二项式系数在三角形中的一种几何排列。在欧洲，帕斯卡(1623—1662)在 1654 年发现这一规律，所以这个表又叫做帕斯卡三角形。帕斯卡的发现比杨辉要迟 393 年，比贾宪要迟 600 年。

杨辉三角的基本性质如图 5-2 所示。

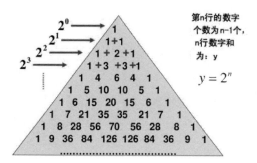

第n行的数字个数为n-1个,n行数字和为:y

$$y = 2^n$$

（1）行的数量等于每行的元素数量，行数等于列数。
（2）每一行的第 1 个元素和末尾元素都是 1。
（3）从第 3 行开始，"首个元素和最后那个元素之间"的每一个元素（i>1，0<j<i）等于上一行本列元素+上一行前一列元素

图 5-2　杨辉三角的基本性质

请编写一个 Java 程序解决杨辉三角问题，提示用户输入查询前几行以内的杨辉三角，例如输入 5，按 Enter 键后将展示前 5 行杨辉三角的内容。

5.2.2　具体实现

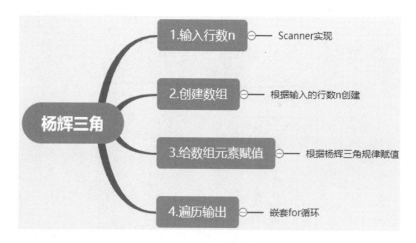

项目 **5-2**　解决杨辉三角问题(📁源码路径：codes/005/src/Yang.java)

如果我们使用二维数组 YangHui[i][j] 表示杨辉三角中的每个元素，根据杨辉三角的规律，从第 3 行开始，"首个元素和最后那个元素之间"的每一个元素(i>1，0<j<i)等于上一行本列元素+上一行前一列元素，即有如下规律：

```
YangHui[i][j] = YangHui[i-1][j] + YangHui[i-1][j-1];
```

本项目的实现文件为 Yang.java，具体代码如下所示。

```
import java.util.Scanner;
public class Yang {
public static void main(String[] args) {
    Scanner sc = new Scanner(System.in);
    System.out.println("请输入查询前几行以内的杨辉三角:");
    int n = sc.nextInt();
    int[][] arr = new int[n][n];

    for(int x=0; x<arr.length; x++) {
        arr[x][0] = 1; //任何一行第1列
        arr[x][x] = 1; //任何一行的最后1列
    }

    for(int x=2; x<arr.length; x++) {

        for(int y=1; y<=x-1; y++) {
            arr[x][y] = arr[x-1][y-1] + arr[x-1][y];
        }
    }
    for(int x=0; x<arr.length; x++) {
            for(int y=0; y<=x; y++) {
            System.out.print(arr[x][y]+"\t");
            }
    System.out.println();
        }
    }
}
```

创建键盘录入对象

根据用户通过键盘录入的数字创建二维数组 arr

将二维数组 arr 任何一行的第一列和最后一列赋值为 1

外层 for 循环处理行：从第三行开始，每一个数据是上一行的前一列和上一行的本列之和

内层 for 循环处理列：每一个数据是它上一行的前一列和它上一行的本列之和

如果用 y<=x 则会有个小问题，因为最后一列已经有值了，所以最后一列不用再赋值，故而要减去 1。并且 y 应该从 1 开始，因为第一列也是有值了，第一列不用再赋值，所以 y 从 1 开始计数

用嵌套 for 循环遍历输出二维数组中的所有元素，外层循环输出行，内层循环输出列

这里不是写成 y<arr[x].length，要实现"阶梯形状"的固定写法 y<=x。与九九乘法表类似

执行结果如下：

```
请输入查询前几行以内的杨辉三角:
5
1
1    1
1    2    1
1    3    3    1
1    4    6    4    1
```

5.2.3　多维数组的声明与创建

本书以二维数组为例来讲解多维数组的声明与创建方法，其方法可以推广到任意多维数组中。

1. 声明二维数组

在 Java 程序中，声明二维数组的方法和声明一维数组的方法十分相似，有如下两种声明二维数组的语法格式：

```
type arrayName[][];
type[][] arrayName;
```

其中参数说明如下。

◇　type：表示二维数组的数据类型。

◇　arrayName：表示数组的名字。

◇　[][]：两个中括号表示这是一个二维数组。

2. 创建二维数组

在声明数组后，接下来需要创建这个数组。创建数组的实质是为数组申请相应的存储空间。创建二维数组的语法格式如下：

数组名 = new 数组元素类型[第一维数组元素个数][第二维数组元素个数]；

示例代码如下：

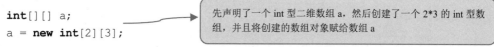

```
int[][] a;
a = new int[2][3];
```

先声明了一个 int 型二维数组 a，然后创建了一个 2*3 的 int 型数组，并且将创建的数组对象赋给数组 a

在 Java 程序语言中可以把数组的声明与创建合并在一起，语法格式如下：

数组元素类型 数组名 = new 数组元素类型[第一维数组元素个数][第二维数组元素个数]；

5.2.4　多维数组的初始化

在 Java 程序中，初始化多维数组的方法和初始化一维数组的方法一样，这里以二维数组为例来展开讲解。初始化二维数组的方法有如下三种：

(1) 静态初始化：静态初始化二维数组的方法有如下两种：

◇　方法1：在声明数组时同时完成初始化工作，语法格式如下：

数据类型[][] 数组名 = {{数据1,数据2,…},{数据1,数据2,…}}；

✧　方法 2：先声明二维数组，然后进行初始化工作，语法格式如下：

数据类型[][] 数组名；
数组名 = new 数据类型[][]{{数据 1,数据 2,…},{数据 1,数据 2,…},…}；

> 第 1 层大括号中定义的是第一维的数组元素，这些数组元素本身又是一个数组，元素之间以逗号分隔。第 2 层大括号中存储的是实际的数据内容，多个数据之间也以逗号分隔

▪ 注意 ▪

在方法 2 静态初始的语法中，右边表达式中的"[ ][ ]"内，不允许写数组长度，否则会发生语法错误。

二维数组静态初始化示例代码如下：

```
int[][] mark = {{78,88},{98,98},{87,78}};
```

> 方法 1：声明数组并进行数组静态初始化

```
int[][] mark;
mark = new int[][]{{78,88},{98,98},{87,78}};
```

> 方法 2：先声明数组变量，再进行静态初始化

(2) 动态初始化：在进行二维数组动态初始化时，需要先指定两个维度的数组长度，然后由系统自动为数组元素分配初始值，语法格式如下：

数据类型[][] 数组名 = new 数据类型[第一维数组长度][第二维数组长度]；

在进行二维数组动态初始化后，程序会根据指定的两个维度的数组长度，创建对应的数组元素空间，并为每个数组元素空间设置初始值。二维数组动态初始化的示例代码如下：

```
int[][] mark = new int[2][2]; // 创建 2 行 2 列的整形二维数组，初始值都是 0
String[][] names = new String[2][2]; //创建 2 行 2 列的字符串二维数组，元素的初始值都为 null
```

(3) 通过数组下标为数组赋值：在创建二维数组之后，可以使用数组名结合二维数组行列下标的方式为二维数组中的每个元素赋值，语法格式如下：

数据类型[][] 数组名 = new 数据类型[第一维数组长度][第二维数组长度]；
数组名[第一维度下标][第二维度下标] = 数值；

通过数组下标为数组元素赋值时，注意每个维度的数组下标的取值范围是从 0 到对应维度的数组长度减 1 为止。如果下标超出这个范围，程序会发生异常。通过数组下标为元素赋值的示例代码如下：

```
String[][] names = new String[3][2];
names[0][0] = "小张";
names[0][1] = "小李";
names[1][0] = "小王";
names[1][1] = "小赵";
names[2][0] = "小孙";
names[2][1] = "小钱";
```

声明 3 行 2 列字符串二维数组

通过两个维度的下标为每个数组元素赋值

练一练

5-3：计算二维数组中所有元素的和（源码路径：codes/005/src/hua.java）

5-4：输出显示某班级的高考成绩（源码路径：codes/005/src/kao.java）

5.3 数组操作：奥运会裁判打分系统

扫码看视频

5						
难度系数						
J1	J2	J3	J4	J5	J6	J7
66	77	88	99	88	7	89
最高分：99			平均分：81			

5.3.1 背景介绍

在奥运会××项目比赛中，由 7 名裁判负责打分，分别去掉一个最高分和一个最低分，将剩下的分数相加然后除以 5，得到的平均分就是这名运动员的最终得分。请编写一个 Java 程序，提示用户输入 7 名裁判的评分，按 Enter 键后得到这名运动员的最终得分。

5.3.2　具体实现

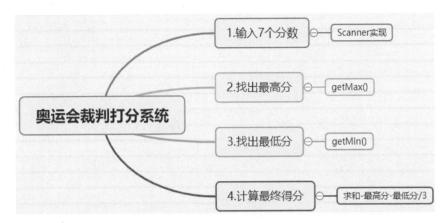

项目 5-3　奥运会裁判打分系统(源码路径：codes/005/src/Score.java)

本项目的实现文件为 Score.java，具体代码如下所示。

```java
import java.util.Scanner;
public class Score {
public static void main(String[] args) {
Scanner sc=new Scanner(System.in);
int arr[]=new int[7];
for(int i=0;i<arr.length;i++){
    System.out.println("请输入第"+(i+1)+"个评委打的分数: ");
    arr[i]=sc.nextInt();
}

int Maxnumber=getMax(arr);
int Minnumber=getMin(arr);
int Sumnumber=sum(arr);
int avg=(Sumnumber-Maxnumber-Minnumber)/(arr.length-2);
System.out.println("平均分是: "+avg);

System.out.println("裁判打出的最高分是: "+getMax(arr));
}
```

> 提示用户输入 7 个成绩，并将成绩保存到数组 arr 中

> 创建数组保存输入的 7 个成绩

> 获取 7 个成绩中的最大值

> 获取 7 个成绩中的最小值

> 求数组元素的和，即 7 个分数的和

> 计算最终得分

```java
public static int getMax(int[] arr){
    int max=arr[0];
    for(int i=0;i<arr.length;i++){
        if(arr[i]>max){
            max=arr[i];
        }
    }
    return max;
}
```

找出 7 个成绩中的最大值

```java
public static int getMin(int arr[]){
    int min=arr[0];
    for(int i=0;i<arr.length;i++){
        if(arr[i]<min){
            min=arr[i];
        }
    }
    return min;
}
```

找出 7 个成绩中的最小值

```java
public static int sum(int arr[]){
    int sum=0;
    for(int i=0;i<arr.length;i++){
        sum+=arr[i];
    }
    return sum;
}
```

遍历数组中的元素并求和

执行结果如下：

```
请输入第 1 个评委打的分数：
66
请输入第 2 个评委打的分数：
77
请输入第 3 个评委打的分数：
88
请输入第 4 个评委打的分数：
99
请输入第 5 个评委打的分数：
88
```

请输入第 6 个评委打的分数：
7
请输入第 7 个评委打的分数：
89
平均分是：81
裁判打出的最高分是：99

5.3.3　数组操作的内置方法

在 Java 程序中，可以使用 Java 提供的内置方法来操作数组中的元素。

(1) 方法 arraycopy()：复制数组中的内容，其语法格式如下：

```
arraycopy(arrayA,0,arrayB,0,a.length)
```

其中参数说明如下。

❖　arrayA：表示来源数组名称。

❖　0：表示来源数组的起始位置。

❖　arrayB：表示目的数组的名称。

❖　0：表示目的数组的起始位置。

❖　a.length：表示复制来源数组元素的个数。

(2) 方法 equals()：比较两个数组是否相同，如果两个数组相同就会返回 true，如果两个数组不相同就会返回 false。语法格式如下：

```
Arrays.equalse(数组 A，数组 B);
```

(3) 方法 sort()：对数组内的元素进行由小到大排序，其语法格式如下：

```
Arrays.sort(数组名);
```

(4) 方法 binarySearch()查找数组中的某一个元素，其语法格式如下：

```
int i=binarySearch(a, "abcde");
```

参数"a"表示搜索数组的名称，参数"abcde"表示需要在数组中查找的内容。如果"abcde"在数组"a"中，则返回搜索值"abcde"的索引；否则返回-1 或者"-"(插入点)。插入点是索引键将要插入数组的那一点，即第一个大于该键的元素索引。

(5) 方法 fill()：替换数组中的元素，使用方法 fill()有如下两种格式：

```
fill(array, value);
fill(array, from_index, to_index, value);
```

◈ 第一种格式：功能是将 array 数组中的所有元素都赋值为 value。

◈ 第二种格式：功能是将数组 array 内索引从[from_index]到 [to_index - 1]范围的所有元素赋值为 value。这里务必记住，这个范围不包含 array[to_index]这个索引的元素。

练一练

5-5: 模拟飞船发射倒计时的过程(源码路径: codes/005/src/Shop.java)

5-6: 比较两个一维数组是否相同(源码路径: codes/005/src/Bijiao.java)

5-7: 由小到大排序数组中的元素(源码路径: codes/005/src/yi.java)

5-8: 找到数组内的某个元素(源码路径: codes/005/src/Search.java)

第 6 章

面 向 对 象

Java 是一门面向对象的语言，提供了定义类、定义属性、定义方法、创建对象等基本功能。用户可以将类看做是一种自定义的数据类型，可以使用类来定义变量，所有使用类定义的变量被称为引用变量。本章将详细讲解 Java 语言面向对象的知识。

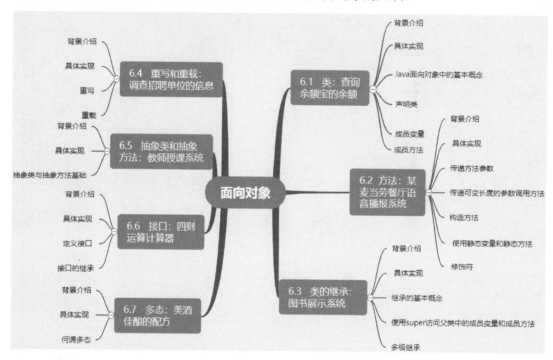

6.1 类：查询余额宝的余额

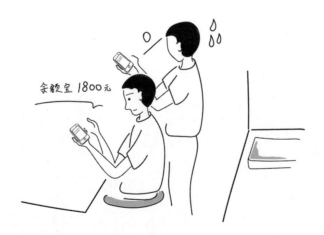

扫码看视频

6.1.1 背景介绍

寒假即将来临，同学们的生活费即将变成负数，一日三餐主要靠方便面度日。在大家勒紧腰带过日子的时候，突然传来令大家十分兴奋的消息，舍友 A 的余额宝余额竟然高达 1800 元。请编写一个 Java 程序，利用面向对象技术打印输出舍友 A 的余额宝余额。

6.1.2 具体实现

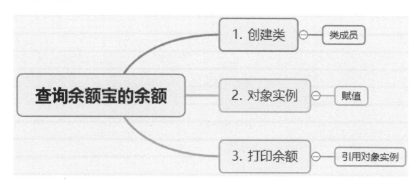

项目 6-1 查询余额宝的余额(源码路径: codes/006/src/Yue.java)

本项目的实现文件为 Yue.java，具体代码如下所示。

定义类 Yu

```java
class Yu {
    public int a;
    public void print(){
        System.out.println("当前余额宝的余额是"+a+"元! ");
    }
}
public class Yue{
    public static void main(String args[]){
        Yu sh=new Yu();
        sh.a=1800;
        sh.print();
    }
}
```

定义类 Yu 中的成员：int 类型的属性 a 和成员方法 print()

创建类 Yu 的实例对象 sh

给对象 sh 的属性 a 赋值为 1800

调用类 Yu 中的成员方法 print()

执行结果如下：

> 当前余额宝的余额是 1800 元！

6.1.3　Java 面向对象的基本概念

1. 类

只要是一门面向对象的编程语言(例如 C++、C#等)，就一定会有"类"这个概念。类是指将相同属性的东西放在一起，类是一个模板，能够描述一类对象的行为和状态。例如在现实生活中，可以将人看成一个类，这个类称为人类。

2. 对象

对象是某个类中实际存在的每一个个体，对象的抽象是类，类的具体化就是对象，也可以说类的实例是对象。类用来描述一系列对象，类会概述每个对象包括的数据和行为特征。因此，我们可以把类理解成某种概念、定义，它规定了某类对象所共同具有的数据和行为特征。接着前面的例子进行说明：人这个"类"的范围实在是太笼统了，人类里面的秦始皇是一个具体的人，是一个客观存在的人，我们就将秦始皇称为一个对象。

6.1.4　声明类

在 Java 程序中使用关键字 class 声明类，只有经过声明后才能在程序中使用这个类。声明 Java 类的语法格式如下：

[**public/static** 等修饰符] **class** 类名{
　　　零个到多个构造器的定义...
　　　零个到多个属性...
　　　零个到多个方法...
}

(1) 修饰符：可以是 public、protected、private、default。
(2) 类名：只要是一个合法的标识符即可，Java 类名的命名规则如下：
❖　类名应该以下画线"_"或字母开头，最好以字母开头。
❖　第一个字母最好大写，如果类名由多个单词组成，那么每个单词的首字母最好都大写。
❖　类名不能为 Java 中的关键字，例如 boolean、this、int 等。
❖　类名不能包含任何嵌入的空格或点号以及除了下画线"_"和美元符号"$"字符之外的特殊字符。

> **注意**
>
> 如果从程序的可读性方面来看，建议 Java 类名是由一个或多个有意义的单词连缀而成，每个单词首字母大写，其他字母全部小写，单词与单词之间不要使用任何分隔符。在定义一个类时可以包含三种最常见的成员，分别是构造器、属性和方法。这三种成员都可以定义零个或多个，如果三种成员都只定义了零个，说明是定义了一个空类，这没有太大的实际意义。类中各个成员之间的定义顺序没有任何影响，各个成员之间可以相互调用。但是需要注意的是，static 修饰的成员不能访问没有 static 修饰的成员。

6.1.5　成员变量

在 Java 类体中创建的变量就是成员变量，通常将类的属性名表示为成员变量，成员变量和对象的属性名是一一对应的。在 Java 中定义成员变量的语法格式如下：

[**public/static** 等修饰符] 属性类型 属性名 [=默认值]；

对上述格式中各个参数的具体说明如图 6-1 所示。

参数的说明

（1）修饰符：修饰符可以省略，也可以是：public、protected、private、static、final 等。

（2）属性类型：属性类型可以是java 语言允许的任何数据类型。

（3）属性名：属性名则只要是一个合法的标识符即可。

（4）默认值：在定义属性时可以定义一个可选的默认值。

图 6-1　成员变量的参数说明

6.1.6　成员方法

在 Java 类体中创建的方法就是成员方法，用于表示类的操作，实现类与外部的交互。定义成员方法的语法格式如下：

[**public/static** 等修饰符] 方法返回值类型 方法名 [=形参列表]｛
　　由零条或多条可执行语句组成的方法体；
｝

对上述格式中各个参数的具体说明如图 6-2 所示。

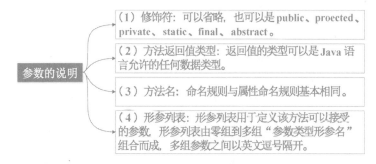

参数的说明

（1）修饰符：可以省略，也可以是 public、proected、private、static、final、abstract。

（2）方法返回值类型：返回值的类型可以是 Java 语言允许的任何数据类型。

（3）方法名：命名规则与属性命名规则基本相同。

（4）形参列表：形参列表用于定义该方法可以接受的参数，形参列表由零组到多组"参数类型形参名"组合而成，多组参数之间以英文逗号隔开。

图 6-2　成员方法的参数说明

6.2　方法：某麦当劳餐厅语音播报系统

扫码看视频

6.2.1　背景介绍

暑假即将来临，麦当劳餐厅将迎来消费旺季。A 市麦当劳餐厅为了提高用户体验，为消费者提供了更好的用餐服务，特意推出了一款新的语音播报系统，在就餐时间内播报上周最畅销的三款商品。请编写一个 Java 程序，模拟这个语音播报系统。

6.2.2　具体实现

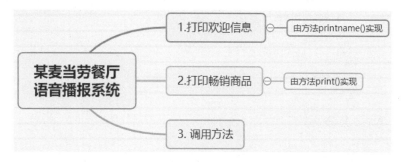

项目 6-2　某麦当劳餐厅的语音播报系统（　源码路径：codes/006/src/Shop.java）

本项目的实现文件为 Shop.java，具体代码如下所示。

```java
public class Shop{
    public void printname(String names) {
        System.out.println(names);
    }
    public void print(String...names) {
        int count=names.length;                  //获取参数的总个数
        System.out.println("本月最热销的"+count+"个商品，名单如下：");
        for(int i=0;i<names.length;i++){         //遍历所有的参数
            System.out.println(names[i]);        //打印输出参数值
        }
    }

    public static void main(String[] args){
        Shop mai=new Shop();
        mai.printname("欢迎光临麦当劳XX店：");
        mai.print("1.猪柳蛋堡","2.麦乐鸡","3.薯条");
    }
}
```

方法 printname()的功能是打印输出参数 names 的值

方法 print()的功能是打印输出所有参数 names 的值

在调用方法 printname()时需要设置参数 names 的值

在调用方法 print()时需要设置参数 names 的值，注意，此处参数 names 有三个值

执行结果如下：

> 欢迎光临麦当劳XX店：
>
> 本月最热销的3个商品，名单如下：
>
> 1.猪柳蛋堡
>
> 2.麦乐鸡
>
> 3.薯条

6.2.3 传递方法参数

Java 中的方法是不能独立存在的，在调用方法时必须使用类或对象作为主调用者。如果在声明方法时包含了形参声明，那么在调用方法时必须给这些形参指定参数值，调用方法时实际传给形参的参数值也被称为实参。究竟 Java 的实参值是如何传入方法的呢？这是由 Java 方法的参数传递机制来控制的。传递 Java 方法的参数只有值传递一种方式。值传递是指将实际参数值的副本(复制品)传入方法中，而参数本身不会受到任何影响。

例如项目 6-2 中，在声明方法 printname()时设置了其参数名是 names，参数类型是 String。

public void printname(String names) ⟶ 调用方法 printname()时，必须为参数 names 设置 String 类型的值，否则会出错

📖🔍 练一练

6-1：输出显示某同学的学号(📄源码路径：codes/006/src/xxxx.java)

6-2：温度单位转换工具(📄源码路径：codes/006/src/TemperatureConvert.java)

6.2.4 传递可变长度的参数调用方法

从 JDK 1.5 之后，在 Java 程序中可以定义形参长度可变的参数，从而允许为方法指定数量不确定的形参。如果在定义方法时，在最后一个形参的类型后增加三点 "…"，则表明该形参可以接受多个参数值，多个参数值被当成数组传入。例如项目 6-2 中，定义了一个形参长度可变的方法 print()：

public void print(String...names)

因为参数长度可变，所以在调用方法 print()时可以设置多个参数，例如下面的调用都是合法的：

虽然两个参数和三个参数都是合法的，但是类型必须是 String 类型

```
mai.print("猪柳蛋堡","麦乐鸡");
mai.print("猪柳蛋堡","麦乐鸡","巨无霸","鸡蛋卷");
```

6.2.5　构造方法

在本书前面的讲解中，成员变量都是在建立对象之后，由相应的方法来对其赋值。如果一个对象在被创建时就完成所有的初始化工作，将会非常简洁。在 Java 中提供了一个特殊的成员方法——构造方法，它用来在对象被创建时初始化成员变量。构造方法有如下三个特征：

- ✧　构造方法名与类名相同。
- ✧　构造方法没有返回值类型。
- ✧　构造方法中不能使用 return 返回一个值，但可以单独写 return 语句来作为方法的结束。

在 Java 程序中，类的构造方法有两种：有参构造方法和无参构造方法，具体说明如下：

(1) 有参构造方法：在类中声明有参构造方法时指定参数列表，调用时需要传入对应参数来创建对象，声明语法如下：

```
[构造方法修饰符]方法名(参数列表){
    构造方法的方法体
}
```

(2) 无参构造方法：无论在类中是否显式定义无参构造方法，所有的类都会自动定义无参构造方法。声明语法如下：

```
[构造方法修饰符]方法名(){
    构造方法的方法体
}
```

实例 6-1　打印输出宠物的名字(源码路径：codes/006/src/Puppy.java)

本实例的实现文件为 Puppy.java，具体代码如下所示。

> 创建一个打印宠物名字的构造方法 Puppy()

```java
public class Puppy{
    public Puppy(String name){
        System.out.println("小狗的名字是： " + name );
    }
    public static void main(String[] args){
        Puppy myPuppy = new Puppy( "tommy" );
    }
}
```

> 在主函数中创建一个 Puppy 对象实例 myPuppy，在主函数中不显示调用这个构造方法，看具体执行效果是什么？

执行结果如下：

小狗的名字是 : tommy ← 创建对象实例后会自动调用构造方法 Puppy()

6.2.6 使用静态变量和静态方法

在 Java 程序中，将使用修饰符 static 修饰变量和方法分别称为静态变量和静态方法。当访问静态变量和静态方法时只需要使用类名，然后通过点运算符 "." 即可以实现对变量的访问和对方法的调用。

实例 6-2 在高德地图中显示当前位置的变化(源码路径：codes/006/src/Gps.java)

本实例的实现文件为 Gps.java，具体代码如下所示。

```java
public class Gps {
    static int X;              // 定义静态 int 类型变量 X 和 Y
    static int Y;
    public void printJingTai(){  // 定义方法 printJingTai()打印输出 X 和 Y 的值
        System.out.println("X="+X+",Y="+Y);
    }
    public static void main(String args[]){
        Gps Aa=new Gps();        // 新建类 Gps 的对象实例 Aa
        System.out.println("高德地图为您导航，使用X和Y表示GPS坐标");
        System.out.println("------------------------");
        Aa.X=4;                  // 为对象实例 Aa 中的成员 X 和 Y 赋值
        Aa.Y=5;
        Gps.X=112;               // 为类 Gps 的变量的 X 和 Y 赋值
        Gps.Y=252;
        System.out.println("1小时前的GPS坐标是: ");
        Aa.printJingTai();       // 调用方法 printJingTai()

        Gps Bb=new Gps();
        Bb.X=3;  //将X赋值为3
        Bb.Y=8;  //将Y赋值为8
        Gps.X=131;   //重新赋值类Gps的变量的X值
        Gps.Y=272;   //重新赋值类Gps的变量的Y值
        System.out.println("现在的GPS坐标是");
        Bb.printJingTai();       // 调用方法 printJingTai()
    }
}
```

新建类 Gps 的对象实例 Bb，然后分为 Bb 中的成员 X 和 Y 赋值，然后为类 Gps 的变量的 X 和 Y 赋值

执行结果如下：

> 高德地图为您导航，使用 X 和 Y 表示 GPS 坐标
>
> --------------------------
>
> 1 小时前的 GPS 坐标是：
>
> X=112,Y=252
>
> 现在的 GPS 坐标是
>
> X=131,Y=272

6.2.7　修饰符

在定义类、成员变量、成员方法时，都会用到修饰符。在 Java 语言中，修饰符分为访问控制符和非访问控制符两类。

1. 访问控制符

访问控制符就是限定类、属性或方法等是否可以被程序里的其他部分访问或调用的修饰符，Java 程序中的访问控制符有 4 个，按照其控制级别排序后分别是 private、default、protected、public，它们各自的具体作用如下：

- ✧ private：私有访问控制符，用该修饰符修饰的类成员变量和成员方法只能被该类自身的方法访问和修改，而不能被任何其他类(包括该类的子类)直接访问。
- ✧ default：默认访问控制符，当类、类的成员变量、类的成员方法没有被任何访问控制符修饰时，系统会默认其是被修饰符 default 所修饰。被这种修饰符修饰的类或类的成员只能被同一个包中的类访问。
- ✧ protected：保护访问控制符，该修饰符用于修饰类的成员，如果一个类的成员变量或成员方法被该修饰符修饰，那么它只能被该类自身、与该类在同一个包中的其他类、在其他包中该类的子类所访问。在 Java 程序中，如果某个类的成员必须允许其他包中该类的子类来访问，但不许其他包中的其他类访问，可以使用修饰符 protected 来修饰。
- ✧ public：公有访问控制符，如果一个类或者类的成员被修饰符 public 所修饰，那么其他所有类中只要使用 import 语句导入该类，就可以访问该类或类成员，不论访问者是否与该类位于同一个包。

2. 非访问控制符

非访问控制符具体介绍如图 6-3 所示。

（1）默认修饰符：如果没有指定访问控制修饰符，则表示使用默认修饰符，这时变量和方法只能在自己的类及该类同一个包下的类中访问。

（2）static：被 static 修饰的变量为静态变量，被 static 修饰的方法为静态方法。

（3）final：被 final 修饰的变量在程序的整个执行过程中最多赋一次值，所以经常它被定义为常量。

非访问控制符

（4）transient：它只能修饰非静态的变量。

（5）volatile：和 transient 一样，它只能修饰变量。

（6）abstract：能够修饰抽象方法和抽象类。

（7）synchronized：只能应用于方法，不能修饰类和变量。

图 6-3　非访问控制符

6.3　类的继承：图书展示系统

扫码看视频

6.3.1　背景介绍

寒假期间，我想通过读书学习来提高自己的专业水平和思想水平。虽然天气很冷，有微雪飘落，但是依然不能阻止我对学习和阅读的热情，一大早我去新华书店精心挑选了两本书，一本是《图解 Java》；另一本是《平凡的世界》。请编写一个 Java 程序，通过继承来展示这两本书的信息。

6.3.2　具体实现

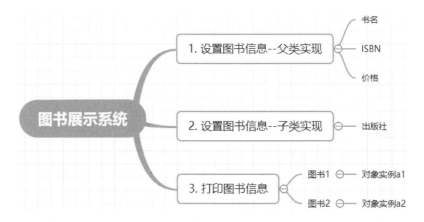

项目 6-3　　图书展示系统(　源码路径：codes/006/src/Text.java)

本项目的实现文件为 Text.java，具体代码如下所示。

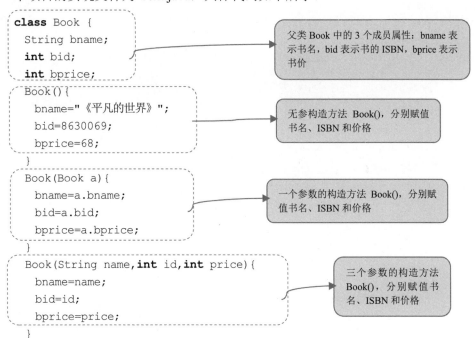

```
    void print(){
```
方法 print()用于打印输出图书信息
```
        System.out.println("书名: "+bname+"ISBN 号: "+bid+"  价格: "+bprice);
    }
}
```
定义子类 Book1，其父类是 Book
```
class Book1 extends Book{
    String  Book;
    Book1(){
        super();
        Book="中信出版社";
    }
```
无参数的构造方法 Book()，使用 super() 调用父类中的无参构造方法，然后赋值出版社信息
```
    Book1(Book1 b){
        super(b);
        Book=b.Book;
    }
```
一个参数的构造方法 Book()，使用 super()调用父类中的一个参数的构造方法，然后赋值出版社信息
```
    Book1(String x,int y,int z,String aa){
        super(x,y,z);
        Book=aa;
    }
}
```
三个参数的构造方法 Book()，使用 super()调用父类中的三个参数的构造方法，然后赋值出版社信息
```
public class Text {
    public static void main(String args[]){
        Book1 a1=new Book1();
        Book1 a2=new Book1("《图解 Java》",5708810,88,"清华大学出版社");
```
创建两个 Book1 对象实例 a1 和 a2，a1 没有参数，a2 有参数
```
        System.out.println(a1.Book);
        a1.print();
```
打印输出实例对象 a1 的 Book 值
```
        System.out.println(a2.Book);
        a2.print();
```
打印输出实例对象 a2 的 Book 值

执行结果如下：

```
中信出版社
书名：《平凡的世界》ISBN 号：8630069   价格：68
清华大学出版社
书名：《图解 Java》ISBN 号：5708810   价格：88
```

6.3.3 继承的基本概念

继承是指从已有的类中派生出新的类，新的类能吸收已有类的成员变量和成员方法，并能扩展新的能力。提供继承信息的类被称为父类(超类、基类)，得到继承信息的类被称为子类(派生类)。在这里，我们通过一个具体实例来加深对继承的理解。例如，要定义一个语文老师类和数学老师类，如果不采用继承方式，那么两个类中都需要定义属性和方法。语文老师类中包括姓名、性别、年龄 3 个属性，同时包括吃饭、睡觉、走路、讲课、布置作业、写作文范文 6 个方法；数学老师类中包括姓名、性别、年龄 3 个属性，同时包括吃饭、睡觉、走路、讲课、布置作业、写数学公式 6 个方法。显然，可以把姓名、性别、年龄这 3 个语文老师类和数学老师类都有的属性和吃饭、睡觉、走路、讲课、布置作业这 5 个语文老师类和数学老师类都有的方法提取出来放在一个老师类中，构成一个父类，可用于被语文老师类和数学老师类继承。更进一步，姓名、性别、年龄这 3 个属性和吃饭、睡觉、走路这 3 个方法是老师和学生共有的，可以进一步提取出来，放到学校人员类中，作为老师类和学生的父类。当然，学生类可以作为计算机系学生类、英语系学生类的父类。这样，语文老师类、数学老师类、老师类、计算机系学生类、英语系学生类、学生类、学校人员类就通过继承形成了一个树形体系，如图 6-4 所示。

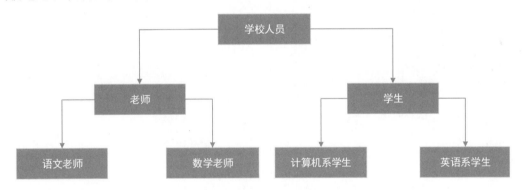

图 6-4　类继承示例图

从图 6-4 中可以看出，学校人员是一个大的类别，老师和学生是学校人员的两个子类，老师又可以分为语文老师和数学老师两个子类，学生又可以分为计算机系学生和英语系学生两个子类。

在 Java 程序中实现继承的语法格式如下：

<修饰符>**class**<子类名>**extends**<父类名>{
    [<成员变量定义>]…

```
    [<方法的定义>]...
}
```

Java 子类不能继承父类的构造方法，因此，如果子类要调用父类中的构造方法，可以借助于关键字 super 访问构造方法，具体语法格式如下：

super(参数)；

例如在项目 6-3 中，子类 Book1 使用 super 调用了父类 Book 中的构造方法。

——■ 注意 ■——

如果在父类中存在有参的构造方法而并没有重载无参的构造方法，那么在子类中必须含有有参的构造方法。因为如果在子类中不含有参的构造方法，会默认调用父类中无参的构造方法，而在父类中并没有无参的构造方法，因此会出错。

6.3.4　使用 super 访问父类中的成员变量和成员方法

使用 super 关键字，除了可以在子类中调用父类的构造方法外，还可以访问父类的成员变量和成员方法，使用环境及语法格式如下：

◇　在子类的成员方法中，访问父类的成员变量：

super.成员变量；

◇　在子类的成员方法中，通过 super 关键字访问父类的成员方法和成员变量：

super.父类成员变量；

实例 6-3　输出显示某商品近 4 个月的销量(源码路径：codes/006/src/salesvolume.java)

本实例的实现文件为 salesvolume.java，具体代码如下所示。

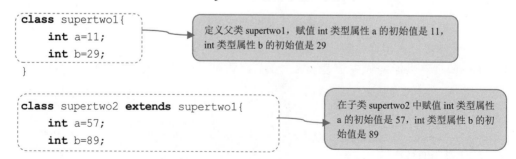

```
class supertwo1{
    int a=11;
    int b=29;
}
```

定义父类 supertwo1，赋值 int 类型属性 a 的初始值是 11，int 类型属性 b 的初始值是 29

```
class supertwo2 extends supertwo1{
    int a=57;
    int b=89;
```

在子类 supertwo2 中赋值 int 类型属性 a 的初始值是 57，int 类型属性 b 的初始值是 89

```
    supertwo2(int x,int y,int z,int q){
        super.a=x;
        super.b=y;
        a=z;
        b=q;
    }
    void print(){
        System.out.println(""+super.a);
        System.out.println(""+super.b);
        System.out.println(""+a);
        System.out.println(""+b);
    }
}
public class salesvolume{
    public static void main(String args[]){
        System.out.println("某商品近 4 个月的销量: ");
        supertwo2 a1=new supertwo2(4100,5100,5200,6000);
        a1.print();
    }
}
```

在构造方法中分别调用父类被子类隐藏的变量 a 和 b

调用父类中的 a 和 b

定义类 supertwo2 的实例对象 a1，并分别赋值其 4 个参数

执行结果如下：

```
某商品近 4 个月的销量：
4100
5100
5200
6000
```

注意

super 可以用在子类构造方法中调用父类的构造方法。如果在子类的构造方法中没有明确调用父类的构造方法，则在执行子类的构造方法时会自动调用父类的默认无参构造方法；如果在子类的构造方法中调用了父类的构造方法，则调用语句必须出现在构造方法的第一行。

6.3.5　多级继承

在 Java 程序中，假如类 B 继承了类 A，而类 C 又继承了类 B，这种情况就叫做多级继

承。反过来，假如存在一个类 C，它是类 B 的子类，而类 A 又是类 C 的子类，那么可以判断出类 A 是类 B 的子类的子类。但是必须注意，Java 不支持多重继承，一个类只能有一个父类，也就是说在 extends 关键字前只能有一个类。

> 📖🔍 练一练
>
> 6-3：动物类的多级继承(📎**源码路径**：codes/006/src/yi.java)
>
> 6-4：多级继承中的属性和方法(📎**源码路径**：codes/006/src/Test1.java)

6.4 重写和重载：调查招聘单位的信息

扫码看视频

6.4.1 背景介绍

近日舍友 A 的手头比较拮据，为了缓解财务问题，他决定寻觅一兼职。在各大招聘网站、APP 等渠道无数次寻觅之后，最终选择了一家他认为是比较合适的单位。在去应聘之前，他通过互联网初步了解了这家企业的基本信息。请编写 Java 程序，用重写和重载展示这家企业的信息。

6.4.2 具体实现

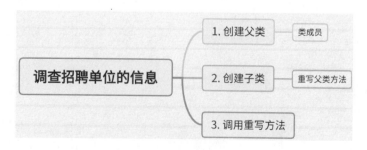

项目 6-4　调查招聘单位的信息(源码路径：codes/006/src/Company.java)

本项目的实现文件为 Company.java，具体代码如下所示。

```java
class Cwirte{
  String sname;
  int sid;                          在父类 Cwirte 中定义方法 print()
  int snumber;
  void print(){
    System.out.println("公司名："+sname+"  序号："+sid+"公司人数："+snumber);
  }
  Cwirte(String name,int id,int number){
    sname=name;
    sid=id;                         父类 Cwirte 的构造方法
    snumber=number;
  }
}
class Cwirtetwo extends Cwirte
{                                   子类 Cwirtetwo 的构造方法
  String sadder;
  Cwirtetwo(String x,int y,int z,String aa){
    super(x,y,z);
    sadder=aa;
  }
  void print(){
    System.out.println("公司名："+sname+"\n 股票价格(美元)："+sid+"\n 员工人数：
"+snumber+"\n 地址："+sadder);
  }
}                                   在子类 Cwirtetwo 中重写了方法 print()
public class Company
{
  public static void main(String args[])
  {
    System.out.println("招聘单位的基本信息");
    System.out.println("----------------");
    Cwirtetwo a1=new Cwirtetwo("AAA 巴巴",174,7000,"杭州市余杭区文一西路 XXX 号 ");
    a1.print();
  }                                 调用的是在子类 Cwirtetwo 中重写
}                                   的方法 print()
```

执行结果如下：

```
招聘单位的基本信息
----------------------
公司名：AAA 巴巴
股票价格(美元)：174
员工人数：7000
地址：杭州市余杭区文一西路 XXX 号
```

6.4.3　重写

在 Java 继承机制中，子类可以对父类中允许访问的方法的实现过程进行重新编写，但返回值和形参都不能改变，即"外壳不变，核心重写"，这一过程称为方法重写。方法重写的好处在于，子类可以根据需要定义特定于自己的行为，也就是说子类能够根据需要重新实现父类的方法。

在继承机制中，当父类中的方法无法满足子类需求或子类具有特有的功能时，就需要在子类中重写父类的方法。同时，如果在子类中有定义名称、参数个数、参数类型均与父类中的方法完全一致，但方法内容不同，即子类修改了父类中方法的实现，此时创建的子类对象调用这个方法时，程序会调用子类的方法来执行，即子类的方法重写了从父类继承过来的同名方法。

在 Java 程序中，方法重写具有如下规则：

◇　父类中的方法并不是在任何情况下都可以重写，当父类中的方法被访问控制符 private 修饰时，该方法只能被自己的类访问，不能被外部的类访问，该子类是不能被重写的；

◇　Java 规定重写方法的权限不能比被重写的方法更严格，如果定义父类的方法为 public，在子类中绝对不可定义为 private，否则程序运行时会报错。

▌注意▐

子类包含与父类同名方法的现象被称为方法重写，也被称为方法覆盖(Override)。可以说子类重写了父类的方法，也可以说子类覆盖了父类的方法。Java 方法的重写要遵循"两同两小一大"规则，"两同"是指方法名相同、形参列表相同，"两小"是指子类方法返回值类型应比父类方法返回值类型更小或相等，子类方法声明抛出的异常类应比父类方法声明抛出的异常类更小或相等。"一大"是指子类方法的访问权限应比父类方法的访问权限更大或相等。特别需要指出的是，覆盖方法和被覆盖方法要么都是类方法，要么都是实例方法，不能一个是类方法，一个是实例方法。

6.4.4　重载

在 Java 程序的同一类中可以有两个或者多个方法具有相同的方法名，只要他们的参数不同即可，这就是方法的重载。Java 中的重载规则十分简单，参数决定了调用哪一个重载方法。如果是 int 参数调用该方法，则调用自带的 int 方法；如果是 double 参数调用该方法，则调用自带的 double 的重载方法。

方法重写与方法重载有本质的区别，初学者一定要深入理解二者的不同。如表 6-1 所示，列出了方法重写与方法重载的区别。

表 6-1　重写与重载之间的区别

区别点	重载方法	重写方法
参数列表	必须修改	一定不能修改
返回类型	可以修改	一定不能修改
异常	可以修改	可以减少或删除，一定不能抛出新的或者更广的异常
访问	可以修改	一定不能做更严格的限制(可以降低限制)

实例 6-4　显示计算机学院主讲教师的信息(源码路径：codes/006/src/teacher.java)

本实例的实现文件为 teacher.java，具体代码如下所示。

```java
public class teacher{
  String ename;
  int age;
  void print(){
    System.out.println("姓名: "+ename+" 年龄: "+age);
  }
  void print(String  a,int b){
    System.out.println("姓名: "+a+" 年龄: "+b);
  }
  void print(String a,int b,int c){
    System.out.println("姓名: "+a+" 年龄: "+b+" 教龄: "+c+"年");
  }
  void print (String a,int b,double c){
    System.out.println("姓名: "+a+" 年龄: "+b+"  教龄: "+c+"年");
  }
  public static void main(String args[]){
```

> 定义方法 print()打印输出信息，注意没有参数

> 重载方法 print()打印输出信息，注意有两个参数 a 和 b

> 重载方法 print()打印输出信息，注意有 3 个参数 a、b 和 c

> 重载方法 print()打印输出信息，注意有 3 个参数 a、b 和 c

```
teacher a1=new teacher();
a1.ename="马腾";
a1.age=48;
```
新建实例对象并赋值名字和年龄

```
System.out.println("计算机学院 Java、PHP/C 语言/Python 主讲教师的信息：");
```

调用前面无参数的 print()方法
```
a1.print();
a1.print("云",35);
```
调用前面有两个参数的 print()方法
```
a1.print("许印",39,3.2);
```
调用前面有 3 个参数的 print()方法，第三个参数是整型
```
a1.print("王林",41,4.6);
```
```
    }
}
```
调用前面有 3 个参数的 print()方法，第三个参数是浮点型

执行结果如下：

> 计算机学院 Java、PHP/C 语言/Python 主讲教师的信息：
>
> 姓名：马腾 年龄：48
>
> 姓名：云 年龄：35
>
> 姓名：许印 年龄：39 教龄：3.2 年
>
> 姓名：王林 年龄：41 教龄：4.6 年

6.5 抽象类和抽象方法：教师授课系统

扫码看视频

6.5.1　背景介绍

　　某高校正在推广智能化教师授课系统，目的是方便、快捷、准确地管理学校教育的资源以实现其统一化管理，通过简单便捷的系统查询操作，使教师授课管理系统成为管理授课记录的得力助手。本项目是一个授课系统的雏形，利用 Java 继承和抽象实现了一个简易教师授课系统。

6.5.2　具体实现

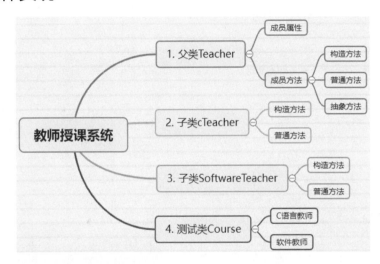

项目 6-5　　教师授课系统(源码路径：codes/006/src/Course.java)

本项目的实现文件为 Course.java，具体代码如下所示。

```java
abstract class Teacher {
    private int id;                                    定义抽象类 Teacher
    private String name;
    private String sex;
    private int age;                                   抽象类 Teacher 的构造方法
        private String education;
    private String teacherTitile;
    public Teacher(int id, String name, String sex, int age, String education,
String teacherTitile) {
        super();
        this.id = id;
```

```
    this.name = name;
    this.sex = sex;
    this.age = age;
    this.education = education;
    this.teacherTitile = teacherTitile;
}
public void startWork(int time){
    System.out.println(this.name + time + "点上班");
}
public void offWork(int time){
    System.out.println(this.name + time + "点下班");
}
public void teach(String course){
    System.out.println(this.name + "教" + course);
}
public int getId() {
    return id;
}
public void setId(int id) {
    this.id = id;
}
public String getName() {
    return name;
}
public void setName(String name){
    this.name = name;
}
public String getSex() {
    return sex;
}
public void setSex(String sex) {
    this.sex = sex;
}
public int getAge() {
    return age;
}
public void setAge(int age) {
    this.age = age;
}
```

普通方法

普通方法

普通方法

成对 get 方法和 set 方法，分别用于设置教师编号和获取教师编号

成对 get 方法和 set 方法，分别用于设置教师名字和获取教师名字

成对 get 方法和 set 方法，分别用于设置教师性别和获取教师性别

成对 get 方法和 set 方法，分别用于设置教师年龄和获取教师年龄

```java
    public String getEducation() {
        return education;
    }
    public void setEducation(String education) {
        this.education = education;
    }
}
```

> 成对 get 方法和 set 方法，分别用于设置教师学历和获取教师学历

```java
    public String getTeacherTitile() {
        return teacherTitile;
    }
    public void setTeacherTitile(String teacherTitile){
        this.teacherTitile = teacherTitile;
    }
```

> 成对 get 方法和 set 方法，分别用于设置教师职称和获取教师职称

> 定义抽象方法，表示授课流程

```java
    abstract public void teachProcedure();
    @Override
    public String toString() {
        return "Teacher [id=" + id + ", name=" + name + ", sex=" + sex
            + ", age=" + age + ", education=" + education
            + ", teacherTitile=" + teacherTitile + "]";
    }
}
```

> 定义方法 toString()打印教师的资料信息

> 定义子类 cTeacher

> 定义子类 cTeacher 的构造方法

```java
class cTeacher extends Teacher {
    public cTeacher(int id, String name, String sex, int age,
        String education, String teacherTitile) {
        super(id, name, sex, age, education, teacherTitile);
    }
    @Override
    public void teachProcedure() {
        System.out.println("讲知识点->写代码->编译调试");
    }
}
```

> 重写方法，实现教师的授课流程

> 定义子类 SoftwareTeacher 和构造方法

```java
class SoftwareTeacher extends Teacher {
    public SoftwareTeacher(int id, String name, String sex, int age,
        String education, String teacherTitile) {
        super(id, name, sex, age, education, teacherTitile);
    }
```

> 重写方法，实现软件教师的授课流程

```java
    public void teachProcedure() {
        System.out.println("Java 语法->Web 开发->企业级开发");
    }
}
public class Course{
    public static void main(String[] args) {
        Teacher cTeacher = new cTeacher(1, "刘老师", "女", 37, "硕士", "讲师");
        cTeacher.startWork(8);
        cTeacher.offWork(16);
        System.out.println(cTeacher);
        cTeacher.teachProcedure();


        Teacher softTeacher = new SoftwareTeacher(2, "李老师", "男", 41,
            "博士", "教授");
        System.out.println(softTeacher);
        softTeacher.startWork(10);
        softTeacher.offWork(18);
        softTeacher.teachProcedure();
    }
}
```

> 创建第 1 个对象实例，打印输出教师的基本信息和授课流程

> 创建第 2 个对象实例，打印输出软件教师的基本信息和授课流程

执行结果如下：

```
刘老师 8 点上班
刘老师 16 点下班
Teacher [id=1, name=刘老师, sex=女, age=37, education=硕士,
teacherTitile=讲师]
知识点->写代码->编译调试
Teacher [id=2, name=李老师, sex=男, age=41, education=博士,
teacherTitile=教授]
李老师 10 点上班
李老师 18 点下班
Java 语法->Web 开发->企业级开发
```

6.5.3　抽象类与抽象方法基础

在 Java 程序中定义类时，经常会定义一些方法来描述该类的行为，但是往往某些方法的实现方式是无法确定的。例如，定义一个宠物类 Pet，其中含有一个表示宠物叫的方法 shout()，对于不同的宠物，其叫声显然不同，因此在类 Pet 中无法准确实现方法 shout()，只有在类 Pet 的具体子类(如猫类 Cat、狗类 Dog)中来准确实现方法 shout()(猫瞄喵叫、狗汪汪叫)。在 Java 程序中，对于这种无法准确实现的方法，一般使用 abstract 修饰符来标记，称为抽象方法。如果一个类中包含了抽象方法，那么这个类也必须用 abstract 修饰符来标记，称为抽象类。

定义抽象类的语法格式如下：

```
abstract class Teacher{
    类体
}
```

定义抽象方法的语法格式如下：

```
abstract 修饰符 void 方法名([形参列表]);
```

抽象类具有如下特点：

- ✧ 抽象类必须使用 abstract 修饰符来修饰，抽象方法也必须使用 abstract 修饰符来修饰，但是二者都不能使用 private 修饰符来修饰。
- ✧ 抽象方法不能有方法体。
- ✧ 抽象类只能被继承，不能被实例化，无法使用 new 关键字来调用抽象类的构造器创建抽象类的对象。
- ✧ 抽象类中可以不包含抽象方法，但是即使不包含抽象方法，这个抽象类也不能被实例化。
- ✧ 抽象类可以包含属性、方法(普通方法和抽象方法都可以)、构造方法、初始化块等成分。抽象类的构造方法不能用于创建实例，主要是用于被其子类调用，同时抽象类的构造方法不能声明成抽象的。
- ✧ 含有抽象方法的类(包括直接定义了一个抽象方法、继承了一个抽象父类但没有完全实现其父类包含的抽象方法、实现了一个接口但没有完全实现接口包含的抽象方法三种情况)只能被定义成抽象类(有关接口的知识，在 6.6 节进行讲解)。

6.6 接口：四则运算计算器

扫码看视频

6.6.1 背景介绍

寒假期间，舍友 A 帮助姐姐辅导 8 岁侄女的功课。小侄女的四则运算掌握得比较差，需要重点辅导。经过几天的见招拆招，舍友 A 接近崩溃，幸亏大哥在旁边鼓励他："忍住，这是你的亲侄女"。本项目基于舍友 A 辅导小学数学为场景，用 Java 编写一个四则运算程序。

6.6.2 具体实现

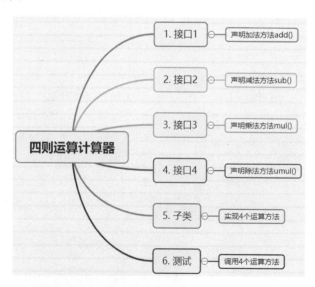

项目 6-6 四则运算计算器(源码路径：codes/006/src/InterTest.java)

本项目的实现文件为 InterTest.java，具体代码如下所示。

```java
interface InterOne{
    int add(int a,int b);
}
interface InterTwo{
    int sub(int a,int b);
}
interface InterThree{
    int mul(int a,int b);
}
interface InterFour{
    int umul(int a,int b);
}
//定义类 InterDuo，实现以上 4 个接口
class InterDuo implements InterOne,InterTwo,InterThree,InterFour{

    public int add(int a,int b){
        return a+b;
    }
    public int sub(int a,int b){
        return a-b;
    }
    public int mul(int a,int b){
        return a*b;
    }
    public int umul(int a,int b){
        return a/b;
    }
}
public class InterTest{
    public static void main(String args[]){
        InterDuo aa=new InterDuo();              //创建实例对象 aa
        System.out.println("2400+1200="+aa.add(2400,1200));
        System.out.println("2400-1200="+aa.sub(2400,1200));
        System.out.println("2400*1200="+aa.mul(2400,1200));
        System.out.println("2400/1200="+aa.umul(2400,1200));
    }
}
```

定义接口 InterOne，然后声明加法方法 add()

定义接口 InterTwo，然后声明减法方法 sub()

定义接口 InterThree，然后声明乘法方法 mul()

定义接口 InterFour，然后声明除法方法 umul()

实现方法 add()，返回 a 和 b 的和

实现方法 sub()，返回 a 和 b 的差

实现方法 mul()，返回 a 和 b 的乘积

实现方法 umul()，返回 a 和 b 的商

调用 4 个方法实现四则运算

执行结果如下：

```
2400+1200=3600
2400-1200=1200
2400*1200=2880000
2400/1200=2
```

6.6.3　定义接口

在 Java 程序中，对于某些类，只继承一个抽象类显然无法满足要求，需要实现多个抽象类的抽象方法才能解决问题。针对这种情况，Java 提供了接口，一个类只能继承一个父类，但可以实现多个接口。接口本质上是一种特殊的抽象类，它是从多个相似的类中抽象出来的规范，只包含常量、抽象方法，只是指定要做什么，不提供任何实现，不可以实例化，体现了规范和实现分离的思想。

在 Java 程序中，使用关键字 interface 定义接口，语法格式如下：

```
[public] interface 接口名 {
    [public][static][final]数据类型 常量名 = 值;
    [public][abstract] 返回值的数据类型 方法名(参数列表);
    [public]default 返回值的数据类型 方法名(参数列表) {
        …        //默认方法的方法体
    }
    [public] static 返回值的数据类型 方法名(参数列表) {
        …        //静态方法的方法体
    }
}
```

关于上述语法，需要说明以下几点：

✧　接口的命名法则和类名一样。

✧　当 interface 关键字前加上 public 修饰符时，接口可以被任何类的成员访问。如果省略 public，则接口只能被与它处在同一包中的成员访问。

✧　接口内各成员的访问控制符只能是 public。

✧　在接口中不能声明变量，只能声明常量，因为接口要具备三个特征，公共性、静态的和最终的。在接口中声明常量时可以省略"public static final"。

✧　在接口中声明抽象方法时可以省略"public abstract"。

接口不能直接被实例化，也就是不能使用关键字 new 创建接口的实例，但是可以利用接口的特性来创建新的类，该过程称为接口的实现。实现接口的目的，主要是在新类中重

写接口的所有抽象方法，从而以接口为模板派生出可以实例化的类，也可以使用抽象类来
实现接口。在 Java 程序中，使用 implements 关键字来实现接口，一个类可以同时实现多个
接口，语法格式如下：

```
[修饰符] class InterDuo implements 接口1, 接口2,……{
    类体
}
```

6.6.4　接口的继承

在 Java 程序中，接口完全支持多继承，即一个接口可以直接继承多个父接口。和类继
承相似，如果子接口扩展了某个父接口，那么会获得在父接口中定义的所有常量属性、抽
象方法、默认方法、静态方法。接口继承同样使用 extends 关键字，当一个接口继承多个父
接口时，多个父接口排在 extends 之后，用英文逗号"，"隔开，具体语法如下：

```
interface 接口名 extends 接口1, 接口2,… {
    …
}
```

实例 6-5　多接口之间的继承(源码路径：codes/006/src/si.java)

本实例的实现文件为 si.java，具体代码如下所示。

```
interface Monster {                              定义接口 Monster
    void menace();
}
interface DangerousMonster extends Monster {
    void destroy();                    定义接口 Monster 的子接口 DangerousMonster
}
interface Lethal {
    void kill();                               定义接口 Lethal
}

class DragonZilla implements DangerousMonster {
    public void menace() {
    }                            定义接口 DangerousMonster 的子类 DragonZilla
    @Override
    public void destroy() {
    }
}
```

```
interface Vampire extends DangerousMonster, Lethal {
    void drinkBlood();
}
public class si {
    static void u(Monster b) {
        b.menace();
    }
    static void v(DangerousMonster d) {
        d.menace();
        d.destroy();
    }
    public static void main(String[] args) {
        DragonZilla dz = new DragonZilla();
        u(dz);
        v(dz);
    }
}
```

> 定义接口 Vampire 同时继承于接口 DangerousMonster 和 Lethal

6.7 多态：美酒佳酿的配方

扫码看视频

6.7.1 背景介绍

张氏菊花酒是某地重阳佳节的必备饮品，酿制历史悠久。张氏菊花酒用菊花为主料，辅以人参、枸杞、沉香等二十余味名贵中药材，与基酒混合蒸馏而成。明清两代的御制菊花白酒是在民间菊花酒基础上结合宫廷特殊需求创制出的名贵酒种。创办于 18 世纪中期的老字号"AA"专门承制宫廷御酒，同治年间从宫中取得菊花白酒制作秘方，传承至今已有七代。在下面的 Java 程序中，利用多态展示了两款美酒佳酿的基本配方信息。

6.7.2　具体实现

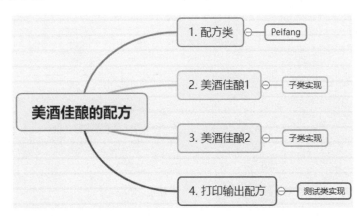

项目 **6-7**　美酒佳酿的配方(源码路径： codes/007/src/Duotai.java)

本项目的实现文件为 Duotai.java，具体代码如下所示。

```java
class Peifang{                              定义配方类 Peifang
  public int age;
  public String name;
  public Peifang(int age, String name){    //定义构造方法
     this.name =name;
  }                                         定义打印配方的方法 print()
  public void print(){
     System.out.println("两款佳酿的配方是：");
  }                          定义子类 Yao1，表示美酒佳酿 1
}
class Yao1 extends Peifang{
  public Yao1(int age, String name) {
     super(age, name);
     this.age=age;
     this.name =name;       在子类中重写方法 print()
  }

  public void print(){
```

```
        System.out.println("美酒佳酿的配方1：高粱、玉米、大麦");
    }
}


class Yao2 extends Peifang{                      定义子类 Yao2，表示美酒佳酿 2
    public Yao2(int age, String name) {
        super(age, name);
        this.age=age;
        this.name =name;                         在子类中重写方法 print()
    }
    public void print(){
        System.out.println("美酒佳酿的配方2：菊花、人参、枸杞、沉香");
    }
}                                        定义类 Xiaogong，然后定义方法 dprint()，能够调用方
                                         法 print()打印配方信息

class Xiaogong{
    public void dprint(Peifang gx){
        gx.print();
    }
}
public class Duotai{
    public static void main(String[] args){
        Peifang qh = new Yao1(0, null);
        Peifang bd = new Yao2(0, null);          在测试类中创建两个对象实例，然后
        Xiaogong xg = new Xiaogong ();           分别调用方法 dprint()打印两款美酒
        xg.dprint(qh);                           佳酿的配方信息
        xg.dprint(bd);
    }
}
```

执行结果如下：

```
美酒佳酿的配方1：高粱、玉米、大麦
美酒佳酿的配方2：菊花、人参、枸杞、沉香
```

6.7.3 何谓多态

在面向对象程序设计中，相同的消息可能会送给多个不同类别的对象，而系统可依据对象所属类别引发对应类别的方法，进而产生不同的行为，这就是所谓的多态。简单来说，

多态具体是指相同的消息给予不同的对象会引发不同的动作。多态是面向对象语言中很普遍的一个概念，虽然我们经常把多态混为一谈，但实际上面向对象语言通常把多态分为两个大类(特定的和通用的)、四个小类(强制的、重载的、参数的和包含的)，它们的结构如图 6-5 所示。具体说明如下：

(1) 通用的：引用有相同结构类型的大量对象，它们有着共同的特征，具体分为如下两类：

◇　强制的：一种隐式实现类型转换的方法。

◇　重载的：将一个标识符用作多个意义。

(2) 特定的：涉及的是小部分没有相同特征的对象，具体分为如下两类：

◇　参数的：为不同类型的参数提供相同的操作。

◇　包含的：类包含关系的抽象操作。

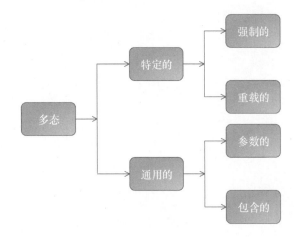

图 6-5　多态的分类

上面简单阐述了多态的理论，那么 Java 程序是如何实现多态的呢？首先，方法的重载就是多态的一种实现途径，它体现了类内部方法之间的多态性；其次，还有类之间的多态，主要通过方法重写来实现，具体有如下两种形式：

◇　继承方式实现多态：同一个父类派生出的多个子类可被当作同一种类型，子类中重写父类的方法，这样父类引用不同子类对象时就会出现不同的结果。

◇　接口方式实现多态：这与继承方式实现多态一样，只是把父类变成了接口而已，其他内容只有微小的变化。

📖🔍 练一练

6-5：通过重写实现多态(🔧源码路径：codes/006/src/Test2.java)

6-6：打印小狗和鱼的最爱食物(🔧源码路径：codes/006/src/DuoTaiDemo.java)

第 7 章

使用集合存储数据

数组的大小是固定的，无法保存数量可变的数据。例如，要统计某款手机的库存，因为会经常进货、卖出、退货，实际的库存数据一直会处于变化中，无法使用数组进行处理。为了解决这类问题，Java 提供了集合框架来解决复杂的数据存储。本章将详细讲解 Java 集合技术的知识。

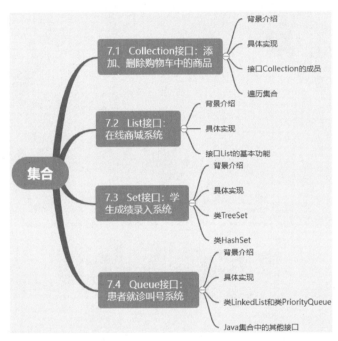

7.1 Collection 接口：添加、删除购物车中的商品

扫码看视频

7.1.1　背景介绍

马上双十一了，舍友 A 将心仪的商品放到了购物车中。为了确保买到最低价，每天浏览京东、天猫、拼多多至少 10 遍，无数次修改了购物车中的商品。本项目使用集合模拟实现了购物车功能，在集合中可以添加商品或删除商品。

7.1.2　具体实现

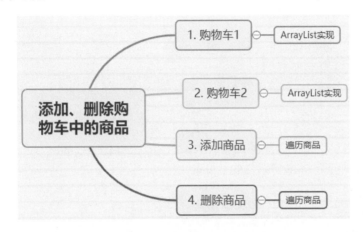

项目 7-1　添加、删除购物车中的商品（📝源码路径：codes/007/src/Shopcar.java）

本项目的实现文件为 Shopcar.java，具体代码如下所示。

```java
import java.util.ArrayList;          引入集合需要的头文件
import java.util.Iterator;
public class Shopcar {
  public static void main(String[] args) {
    ArrayList list1 = new ArrayList();
    list1.add("华为笔记本");
    list1.add("味达美酱油");
    list1.add("百事可乐");
    System.out.println("京东购物车中的商品数量: " + list1.size());

    ArrayList list2 = new ArrayList();
    list2.add("味达美酱油");
    list2.add("圆珠笔");
    list2.add("华为手机");
    System.out.println("天猫购物车中的商品数量: " + list2.size());
```

创建集合 list1 表示第一个购物车，用 add()方法向里面添加 3 个商品，用 size()方法获取 list1 的大小

创建集合 list2 表示第二个购物车，用 add()方法向里面添加 3 个商品，用 size()方法获取 list2 的大小

```
list2.remove(2);                                    删除集合 list2 中索引为 2 的元素
System.out.println("\n 此时天猫购物车中的商品数量: " + list2.size());
System.out.println("天猫购物车中的商品有: ");
Iterator it1 = list2.iterator();                    遍历输出集合 list2
while (it1.hasNext()) {                              中的元素
    System.out.print(it1.next() + "、");
}
System.out.println("京东购物车中的商品有: ");
Iterator it2 = list1.iterator();                    遍历输出集合 list1
while (it2.hasNext()) {                              中的元素
    System.out.print(it2.next() + "、");
}
}
}
```

由于 Collection 是接口,不能对其实例化,所以上述代码中使用了 Collection 接口的 ArrayList 实现类来调用 Collection 的方法。add() 方法可以向 Collection 中添加一个元素,而调用 addAll() 方法可以将指定 Collection 中的所有元素添加到另一个 Collection 中。执行结果如下:

```
京东购物车中的商品数量: 3
天猫购物车中的商品数量: 3

此时天猫购物车中的商品数量: 2
天猫购物车中的商品有:
味达美酱油、圆珠笔
京东购物车中的商品有:
华为笔记本、味达美酱油、百事可乐
```

7.1.3　接口 Collection 的成员

接口 Collection 是单列集合的根接口,里面定义了可用于操作 List 集合、Set 集合、Queue 集合的公用方法。

1. 添加操作

✧　boolean add(Object o):添加一个 Object 类型的元素到集合中,并返回是否添加成功。

❖　boolean addAll(Collection c)：向集合中批量添加指定 Collection 中的所有元素，并返回是否添加成功。

2．删除操作

❖　void clear()：清空集合中的所有元素。

❖　boolean remove(Object o)：删除当前集合中的指定元素。

❖　boolean removeAll(Collection c)：从当前集合中删除所有与指定集合 c 中相同的元素，如果当前集合中有元素被删除则返回 true。

❖　boolean retainAll(Collection c)：保留当前集合中那些也包含在指定集合 c 中的元素，从集合中删除集合 c 中不包含的元素，如果当前集合在操作后元素有变化则返回 true。

3．查询与比较操作

❖　Iterator iterator()：返回与当前 Collection 集合关联的迭代器对象。

❖　int hashCode()：返回当前 Collection 集合的哈希码值。

❖　int size()：返回当前集合的元素个数。

❖　boolean contains(Object o)：判断某个元素是否包含在集合中，如果包含则返回 true。

❖　boolean containsAll(Collection c)：判断集合中是否包含了指定 Collection 中的所有元素，如果都包含则返回 true。

❖　boolean equals(Collection c)：比较当前集合对象与指定 Collection 集合对象是否相等。

❖　boolean isEmpty()：判断当前集合是否为空。如果是则返回 true，否则返回 false。

4．将 Collection 转换为 Object 数组

❖　Object[] toArray()：返回当前 Collection 中所有元素组成的数组。

❖　Object[] toArray(Object[] a)：返回一个内含集合所有元素的数组。运行期间返回的数组和参数 a 的类型相同，需要转换为正确的类型。

7.1.4　遍历集合

　　针对单列集合，除了添加、删除、修改、查找等操作外，往往还需要遍历其中的元素。在项目 7-1 中使用 Iterator 和 while 循环遍历并打印了 ArrayList 集合中的元素，这是最简单的遍历操作。在实际的 Java 开发中，遍历集合是使用频率最高的重要操作之一，也比较复杂。

1．Iterator 遍历集合

接口 Iterator 是 Java 集合框架中专门用于遍历集合的接口，该接口中定义了迭代访问 Collection 中元素的方法，也被称为迭代器。迭代器是一种设计模式，它是一个对象，可以遍历并选择序列中的对象，而开发人员不需要了解该序列的底层结构。迭代器通常被称为"轻量级"对象，因为创建它的代价小。

接口 Iterator 被接口 Collection 继承，它提供了如下 4 种常用方法：

- ❖ Iterator iterator()：该方法用于返回迭代器对象，在 Java 程序中，调用 Collection 单列集合的方法 iterator()就能返回该集合的迭代器对象。
- ❖ boolean hasNext()：判断是否存在另一个可访问的元素
- ❖ Object next()：返回要访问的下一个元素。如果到达集合结尾，则抛出异常。
- ❖ void remove()：删除上次访问返回的对象。此方法必须紧跟在一个元素的访问后执行，如果上次访问后集合已被修改，将会抛出异常。

▌注意▐

通过上述 4 种方法可以看出，对于 Collection 单列集合，调用方法 iterator()可创建一个 Iterator 对象，然后调用 Iterator 对象的方法 hasNext()和 next()就能以迭代方式逐个访问集合中各个元素。

2．用 foreach 循环遍历集合

通过本书前面内容的学习可知，foreach 循环可以遍历数组，foreach 循环也可以遍历集合，而且其遍历集合的方式和遍历数组的方式基本一致。

实例 **7-1** 遍历集合中的元素(源码路径：codes/007/src/ForeachTest.java)

本实例的实现文件为 ForeachTest.java，具体代码如下所示。

```java
import java.util.*;
public class ForeachTest {
    public static void main(String[] args) {
        Collection jn = new ArrayList();
        jn.add("Java 语言");
        jn.add("C 语言");
        jn.add("C++语言");
        jn.add("Python 语言");
        jn.add("C#语言");
        jn.add("HTML5 语言");
```

> 创建集合，然后用 add()方法向集合中添加 6 个元素

```
for(Object obj : jn){
    System.out.println(obj);
    }
  }
}
```

使用 foreach 循环遍历集合，注意，在内部仍然调用了迭代器

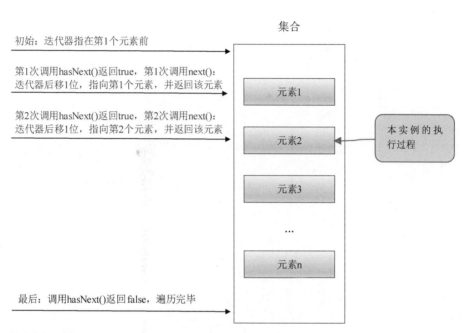

集合

初始：迭代器指在第1个元素前

第1次调用hasNext()返回true，第1次调用next()：迭代器后移1位，指向第1个元素，并返回该元素

元素1

第2次调用hasNext()返回true，第2次调用next()：迭代器后移1位，指向第2个元素，并返回该元素

元素2

本实例的执行过程

元素3

...

元素n

最后：调用hasNext()返回false，遍历完毕

执行结果如下：

Java 语言

C 语言

C++语言

Python 语言

C#语言

HTML5 语言

7.2 List 接口：在线商城系统

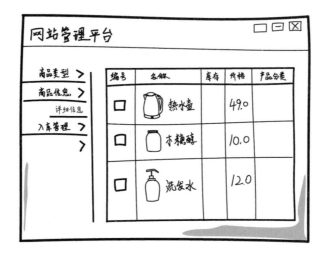

7.2.1 背景介绍

某小商品城为了提高销售额，拓宽销售渠道，决定开发一个在线商城系统。要求在商城的后台管理系统中，可以随时向系统中添加商品，也可以随时查看商品的信息。本项目将使用 Java 语言实现一个简易的在线商城系统，利用集合存储商品信息。

7.2.2 具体实现

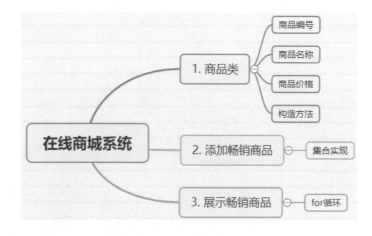

项目 7-2 在线商城系统(📖源码路径：codes/007/src/Test.java)

本项目的实现文件为 Test.java，具体代码如下所示。

```java
import java.util.ArrayList;
import java.util.List;
class Product {                          创建商品类 Product
    private int id; // 商品编号
    private String name; // 名称
    private float price; // 价格
    public Product(int id, String name, float price) {
        this.name = name;
        this.id = id;                    创建商品类 Product 的构造方法
        this.price = price;
    }
    public String toString() {
        return "商品编号: " + id + ", 名称: " + name + ", 价格: " + price;
    }
}                                        方法 toString()用于打印商品信息
public class Test {
    public static void main(String[] args) {

        Product pd1 = new Product(4, "木糖醇", 10);
        Product pd2 = new Product(5, "洗发水", 12);      创建 3 个商品类
        Product pd3 = new Product(3, "热水壶", 49);      对象实例

        List list = new ArrayList();
        list.add(pd1);
        list.add(pd2);                   将上面创建的 3 个商品类对象实
        list.add(pd3);                   例添加到 List 集合中
        System.out.println("*************** 展示畅销商品信息 ***************");
        for (int i = 0; i < list.size(); i++) {
            Product product = (Product) list.get(i);
            System.out.println(product);
        }
    }
}                                        循环遍历集合，输出集合值的元素
```

执行结果如下：

```
************** 展示畅销商品信息 **************
商品编号：4，名称：木糖醇，价格：10.0
商品编号：5，名称：洗发水，价格：12.0
商品编号：3，名称：热水壶，价格：49.0
```

在上述代码中，ArrayList 集合中存放的是自定义类 Product 的对象，这与存储的
String 类的对象是相同的。与 Set 不同的是，List 集合中存在 get() 方法，该方法可以通
过索引来获取所对应的值，获取的值为 Object 类，因此需要将该值转换为 Product 类，从
而获取商品信息。

7.2.3　接口 List 的基本功能

在 Java 程序中，List 接口用于定义有序的、元素可重复的单列集合。在 List 集合中，
所有元素以一种线性方式进行存储，在程序中可以通过索引来访问集合中的元素。List 集合
中元素的存入顺序与取出顺序一致，默认按元素的添加顺序设置元素的索引，例如第一次
添加的元素索引为 0，第二次添加的元素索引为 1，依此类推。

接口 List 继承接口 Collection，并在接口 Collection 基本功能的基础上进行了扩充，拥
有了更多的方法，具体如下：

- ✧ void add(int index, Object element)：在指定位置 index 上添加元素 element。
- ✧ boolean addAll(int index, Collection c)：将集合 c 的所有元素添加到指定位置 index。
- ✧ Object get(int index)：返回 List 中指定位置的元素。
- ✧ int indexOf(Object o)：返回第一个出现元素 o 的位置，否则返回-1。
- ✧ int lastIndexOf(Object o)：返回最后一个出现元素 o 的位置，否则返回-1。
- ✧ Object remove(int index)：删除指定位置上的元素。
- ✧ Object set(int index, Object element)：用元素 element 取代位置 index 上的元素，并且返回旧的元素。
- ✧ List subList(int fromIndex, int toIndex)：返回从指定位置 fromIndex(包含)到 toIndex(不包含)范围的各个元素组成的子集合。对子集合的更改(如 add()、remove() 和 set()调用)对底层 List 集合也有影响。

📖 练一练

7-1：输出显示擅长的编程语言(源码路径：codes/007/src/ArrayListTest.java)

7-2：indexOf()方法和 lastIndexOf()方法(源码路径：codes/007/src/Suo.java)

7.3　Set 接口：学生成绩录入系统

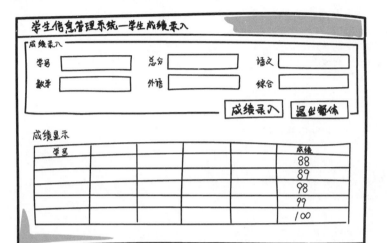

7.3.1　背景介绍

期末考试结束，老师们开始了繁忙而又紧张的阅卷工作。在阅卷结束后，还需要对各个班级的学生成绩进行排名。为了帮助各科教师提高办公效率，可以考虑用 Java 开发一个学生成绩录入系统，在录入成绩后可以按照成绩高低进行排序。

7.3.2　具体实现

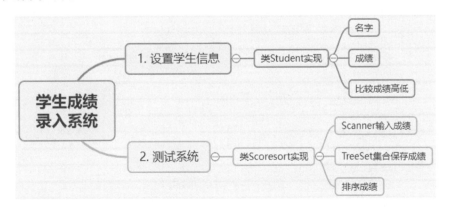

项目 7-3 学生成绩录入系统(📁源码路径：codes/007/src/Scoresort.java)

本项目的实现文件为 Scoresort.java，具体代码如下所示。

```java
import java.util.*;
class Student implements Comparable {
    private String name;
    private double grade;
    public Student() {
    }
    public Student(String name, double score) {
        this.name = name;
        this.grade = score;
    }
    public String getName() {
        return name;
    }
    public void setName(String name) {
        this.name = name;
    }
    public int getGrade() {
        return (int) grade;
    }
    public void setGrade(int grade) {
        this.grade = grade;
    }
    public String toString() {
        return "Student{" +
            "姓名='" + name + '\'' +
            ", 成绩=" + grade +
            '}';
    }
    public int compareTo(Object s) {
        Student s1 = (Student)s;
        //比较成绩
        if(this.grade-s1.grade>0)
            return 1;
        if(this.grade-s1.grade==0)
            return this.name.compareTo(s1.name);
        else
            return -1;
    }
```

创建学生类 Student 的成员属性和构造方法

设置学生名字

设置学生成绩

创建方法 compareTo() 比较学生的成绩

```
        }
    }
public class Scoresort{
    public static void main(String[] args) {
        TreeSet<Double> scores = new TreeSet<Double>();
        Scanner input = new Scanner(System.in);
        System.out.println("------------学生成绩管理系统-------------");
        for (int i = 0; i < 5; i++) {
            System.out.println("第" + (i + 1) + "个学生成绩: ");
            double score = input.nextDouble();
            scores.add(Double.valueOf(score));
        }
        Iterator it = scores.iterator(); // 创建 Iterator 对象
        System.out.println("学生成绩从低到高的排序为: ");
        while (it.hasNext()) {
            System.out.print(it.next() + "\t");
        }
    }
}
```

> 创建 TreeSet 集合对象实例 scores 保存学生的成绩

> 将学生成绩转换为 Double 类型，添加到 TreeSet 集合中

> 打印输出排序后的结果

执行结果如下：

```
------------学生成绩管理系统-------------
第 1 个学生成绩:
88
第 2 个学生成绩:
99
第 3 个学生成绩:
100
第 4 个学生成绩:
89
第 5 个学生成绩:
98
学生成绩从低到高的排序为:
88.0    89.0    98.0    99.0    100.0
```

7.3.3　类 TreeSet

在项目 7-3 中用到了类 TreeSet，它是接口 Set 中的一个重要实现类，使用该类可以创建 TreeSet 集合。类 TreeSet 的常用构造方法如下：

◇ TreeSet()：构建一个空的树集。

◇ TreeSet(Collection c)：构建一个树集，并且添加集合 c 中所有元素。

◇ TreeSet(Comparator c)：构建一个树集，并且使用特定的比较器对其元素进行排序，comparator 比较器没有任何数据，它只是比较方法的存放器。这种对象有时称为函数对象。函数对象通常在"运行过程中"被定义为匿名内部类的一个实例。

◇ TreeSet(SortedSet s)：构建一个树集，添加有序集合 s 中所有元素，并且使用与有序集合 s 相同的比较器排序。

针对 TreeSet 集合的特性，类 TreeSet 在实现接口 Set 的基础上还增加了如下重要方法：

◇ Object first()：获取集合中第一个元素。

◇ Object last()：获取集合中最后一个元素。

◇ Object lower(Object o)：获取集合中位于 o 之前的元素。

◇ Object higher(Object o)：获取集合中位于 o 之后的元素。

◇ SortedSet subset(Object o1,Object o2)：获取此 Set 的子集合，范围从 o1(包括)到 o2(不包括)。

◇ SortedSet headset(Object o)：获取此 Set 的子集合，范围小于元素 o。

◇ SortedSet tailSet(Object o)：获取此 Set 的子集合，范围大于或等于元素 o。

7.3.4 类 HashSet

在 Java 程序中，HashSet 是接口 Set 的典型实现类，可以使用该类来创建 HashSet 集合，类 HashSet 主要提供如下构造方法：

◇ HashSet()：构建一个空的哈希集。

◇ HashSet(Collection c)：构建一个哈希集，并且添加集合 c 中所有元素。

◇ HashSet(int initialCapacity)：构建一个拥有特定容量的空哈希集。

◇ HashSet(int initialCapacity, float loadFactor)：构建一个拥有特定容量和加载因子的空哈希集。LoadFactor 是 0.0 至 1.0 之间的一个数。

▌注意 ▌

对于 HashSet 集合，必须注意如下两点：

(1) HashSet 集合存储元素时不能保证元素的顺序，也就是存储次序和遍历集合时的显示次序会不一致。

(2) 方法 hashCode() 和 equals() 操作的是对象元素，为了保证 HashSet 集合正常工作，要求在存入对象元素时，必须保证创建对象元素的类重写类 Object 的方法 hashCode() 和 equals()。否则，即使对象元素的内容不同，但由于两对象元素所引用的地址不同，HashSet 集合仍然会认为这是两个不同的对象。

🔍 练一练

7-3: 显示购物车中的 Java 图书(📁源码路径: codes/007/src/HashSetTest.java)

7-4: 存储某 NBA 球队队员的名字(📁源码路径: codes/007/src/yi.java)

7.4 Queue 接口: 患者就诊叫号系统

扫码看视频

7.4.1 背景介绍

舍友 A 肚子不舒服,正在医院排队就诊。顺序是先去肠胃科挂号,然后去护士站取号,然后排队等候叫号就诊。本项目使用 Java 语言模拟两人正在排队就诊,中途一人取消就医,剩余一人完成排队并就诊完毕的过程。

7.4.2　具体实现

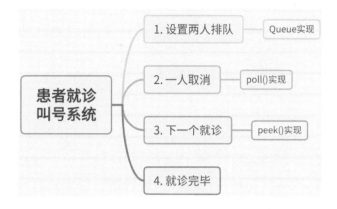

项目 7-4　XX 医院患者就诊叫号系统(源码路径：codes/007/src/queue.java)

本项目的实现文件为 queue.java，具体代码如下所示。

```java
import java.util.LinkedList;
import java.util.Queue;
public class queue {
public static void main(String[] args) {
    Queue<String> queue = new LinkedList<>();
    System.out.println("现在排队的患者的有：");
    queue.offer("患者 1");
    queue.offer("患者 2");
    //遍历打印队列 queue
    for (String q : queue) {
        System.out.println(q);
    }
    System.out.println("请大家先取号，谢谢配合！");
    System.out.println(queue.poll()+"放弃就诊，现在排队的患者的有：");
    for (String q : queue) {
        System.out.println(q);
    }
    System.out.println("~~~~~~~~~~~~~~~~~~~~~~~~");
    System.out.println("下一个将要就诊的是："+queue.peek());
    //遍历打印队列 queue
```

创建 Queue 队列对象，然后添加两名患者

打印输出队列中的信息

用方法 poll()删除队列中的第一个元素

打印输出现在队列中的信息

用方法 peek()取出队列中的第一个元素，不是删除

```
for (String q : queue) {
    System.out.println(q+"开始就诊");
}
```

打印输出现在队列中的信息

```
System.out.println("~~~~~~~~~~~~~~~~~~~~~~~");
System.out.println(queue.remove()+"就诊完毕");
for (String q : queue) {
    System.out.println(q);
}
```

用方法 remove()删除队列中的头部元素，然后遍历输出队列中的元素

```
    }
}
```

执行结果如下：

现在排队的患者的有：

患者 1

患者 2

请大家先取号，谢谢配合！

患者 1 放弃就诊，现在排队的患者的有：

患者 2

～～～～～～～～～～～～～～～～～

下一个将要就诊的是：患者 2

患者 2 开始就诊

～～～～～～～～～～～～～～～～～

患者 2 就诊完毕

7.4.3　类 LinkedList 和类 PriorityQueue

1. 类 LinkedList

在 Java 程序中，类 LinkedList 是 List 接口的实现类，是一个 List 集合，可以根据索引来随机访问集合中的元素。另外，它还实现了接口 Deque，接口 Deque 是 Queue 接口的子接口，它代表一个双向队列。从底层的数据结构来看，类 LinkedList 是基于双向循环链表的，链表中的每个元素都会通过对象引用的方式存储它前面的元素和后面的元素，从而将所有元素连接在一起形成双向链表结构。在插入和删除元素时，只要修改前后两个关联节点的对象引用关系即可完成操作。因此，对于频繁插入或删除元素的操作，使用类 LinkedList 效率较高。有关链表的知识，有兴趣的读者可以查阅相关文献资料，这里不再赘述。

7-5: 将数组元素添加到 LinkedList(源码路径: codes/007/src/yi11.java)

7-6: 在集合开头和结尾添加元素(源码路径: codes/007/src/yi.java)

2. 类 PriorityQueue

类 PriorityQueue 是接口 Queue 的另一个重要的实现类,它提供了一种称为优先队列的数据结构。在这种数据结构中,元素被赋予优先级,当访问元素时,拥有最高优先级的元素首先被删除。类 PriorityQueue 不仅拥有接口 Queue 的所有可选方法,同时也实现了接口 Collection 的所有可选方法,其常用方法如下:

- ✧ peek():返回队首元素。
- ✧ poll():返回队首元素,队首元素出队列。
- ✧ add():添加元素。
- ✧ size():返回队列元素个数。
- ✧ isEmpty():判断队列是否为空。如果队列为空则返回 true,不为空则返回 false。

7-7: 按照指定规则将一组矩形排序(源码路径: codes/007/src/PaiTest.java)

7-8: 找出队列中的第一个元素(源码路径: codes/007/src/First.java)

7.4.4 Java 集合中的其他接口

除了本章讲解的接口外,在 Java 集合中还有如下接口。

1. Map 接口

在 Java 集合框架中,接口 Map 与接口 Collection 是并列关系,接口 Collection 用于实现单列集合,而接口 Map 用于实现双列集合。在 Java 中,Map 接口实现保存具有映射关系的数据的集合,因此 Map 集合中的每个元素都包含两个值。一个是 key(键),另外一个是 value(值),key 和 value 都可以是任何引用类型的数据。在 Map 集合中,key 不允许重复,即同一个 Map 对象的任何两个 key 通过 equals()方法比较总是返回 false。key 和 value 之间存在单向一对一关系,即通过指定的 key 总能找到唯一的、确定的 value。当从 Map 中取出数据时,只要给出指定的 key,就可以取出对应的 value。Map 接口中包含了如下几类常用的方法。

(1) 添加、删除操作

- ✧ Object put(Object key, Object value):将互相关联的一个关键字与一个值放入该映像。如果该关键字已经存在,那么与此关键字相关的新值将取代旧值。方法返回关键字的旧值，如果关键字原先并不存在，则返回 null。

◇　Object remove(Object key)：从映像中删除与 key 相关的映射。

◇　void putAll(Map t)：将来自特定映像的所有元素添加给该映像。

◇　void clear()：从映像中删除所有映射。

(2) 查询操作

◇　Object get(Object key)：获得与关键字 key 相关的值，并且返回与关键字 key 相关的对象，如果没有在该映像中找到该关键字，则返回 null。

◇　boolean containsKey(Object key)：判断映像中是否存在关键字 key。

◇　boolean containsValue(Object value)：判断映像中是否存在 value 值。

◇　int size()：返回当前映像中映射的数量。

◇　boolean isEmpty()：判断映像中是否有任何映射。

(3) 视图操作(用于处理映像中的"键/值对")

◇　Set keySet()：返回映像中所有关键字的 Set 集合。因为映射中键的集合必须是唯一的，需要用 Set 支持。此外，还可以从 Set 集合中删除元素，关键字和它相关的值将从源映像中同时被删除，但是不能添加任何元素。

◇　Collection values()：返回映像中所有值的 Collection 集合。因为映射中值的集合不是唯一的，所以要用 Collection 支持。此外，还可以从 Collection 集合中删除元素，值和它的关键字将从源映像中同时被删除，但是不能添加任何元素。

◇　Set entrySet()：返回 Map.Entry 对象的 Set 集合，即映像中的关键字/值对。

2. 类 HashMap

类 HashMap 是接口 Map 中使用最多的实现类，用于存储键值映射关系，其键和值允许为 null，但不允许键重复。使用类 HashMap 可以创建 HashMap 集合，该集合也是使用哈希算法来存储键值，所以不保证数据的顺序。事实上，HashMap 集合的内部结构是由数组和链表构成的，数组是主体，链表则是为了解决哈希值冲突而存在的分支结构。准确地说，HashMap 集合内部是水平方向以数组结构为主体并在竖直方向以链表结构进行结合的哈希表结构。当向 HashMap 集合中添加键值对数据时，会先使用键对象的方法 hashCode()得到一个哈希值，这个哈希值对应一个集合中的存储位置，此时会出现如下两种情况：

◇　对应的位置上没有元素，键值对数据可以直接存储到这个位置上。

◇　对应的位置上有数据，调用键对象的方法 equals()比较新插入的元素和已存在的元素的键对象是否相同。如果没有相同的键，则键值对数据会被添加到这个位置上的链表结构中；如果有相同的键，则新添加的键值对数据会覆盖旧的键值对数据。

正是由于 HashMap 集合采用了上述特殊的哈希表结构，其在元素的增、删、改、查操作方面效率比较高。

3. 类 Hashtable

类 Hashtable 是原始的 java.util 包的一部分,是一个 Dictionary 具体的实现,后来 Java 重构了类 Hashtable,实现了 Map 接口,因此类 Hashtable 现在集成到了集合框架中,可以用来创建 Hashtable 集合。Hashtable 集合和 HashMap 集合很相似,可以在哈希表中存储键值对。当使用一个哈希表时,要指定用作键的对象,以及要链接到该键的值,然后该键经过哈希处理,所得到的散列码被用作存储在该表中值的索引。Hashtable 集合同样不能保证其中"key-value"(键值对)的顺序,判断两个 key 是否相等的标准也与 HashMap 集合相同,二者在性能上没有很大的差别。但是,Hashtable 集合与 HashMap 集合存在如下明显区别:

- ✧ HashMap 不是线程安全的,HashTable 是线程安全,于是 HashMap 效率偏高些。
- ✧ HashMap 允许将 null 作为 key 和 value,而 Hashtable 不允许。

> 📇 练一练
>
> 7-9: 显示某三支足球队的主要球员(📖源码路径: codes/007/src/HashMT.java)
>
> 7-10: 某商店手机价目表(📖源码路径: codes/007/src/HashtableTest.java)

第 **8** 章

泛　　型

　　泛型是对 Java 语言中内置数据类型的一种扩展,目的是将类型参数化,可以把类型像方法中的参数那样进行传递。使用泛型后,可以使编译器在编译期间对类型进行检查以提高类型的安全性,减少运行时由于对象类型不匹配而引发异常。本章将详细讲解 Java 泛型的知识。

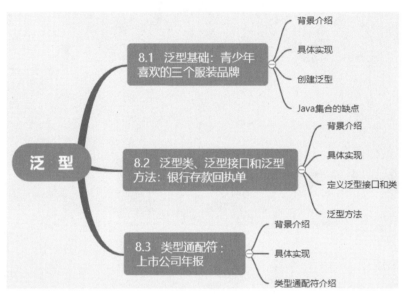

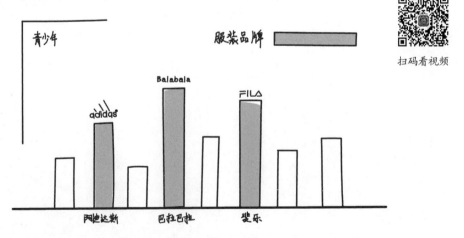

8.1 泛型基础: 青少年喜欢的三个服装品牌

扫码看视频

8.1.1 背景介绍

天猫依托全网大数据，根据品牌评价以及销量评选出了 2022 年青少年服装十大品牌排行榜，前 10 名分别是巴拉巴拉/Balabala、斐乐/FILA、阿迪达斯/ADIDAS、安奈儿/Annil、唐狮/Tonlion、盖璞/GAP、优衣库/UNIQLO、飒拉/Zara、gxg.kids、HM。本项目将使用泛型集合存储三个服装品牌，然后打印输出集合中的服装信息。

8.1.2 具体实现

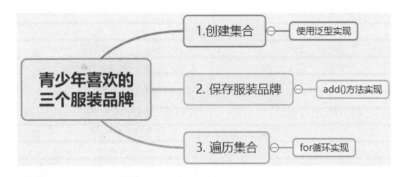

项目 8-1 青少年喜欢的三个服装品牌(源码路径：codes/008/src/Cloth.java)

本项目的实现文件为 Cloth.java，具体代码如下所示。

```java
import java.util.*;
public class FanxingTest{
  public static void main(String[] args) {
    List<String> strList = new ArrayList<String>();
    strList.add("Balabala");
    strList.add("FILA");
    strList.add("ADIDAS");

    for (int i = 0; i < strList.size(); i++ ){
        String str = strList.get(i);
    }
    System.out.println("青少年最喜欢的三个服装品牌是："+strList);
  }
}
```

创建 List 集合对象，使用泛型设置保存的数据类型是 String，然后使用 add()方法向集合中添加三个品牌信息

遍历输出在 List 集合对象中保存的品牌信息

在上述代码中创建了一个泛型集合 strList，此 List 集合只能保存字符串对象，不能保存其他类型的对象。创建这种泛型集合的方法非常简单，先在集合接口和类的后面增加尖括号，然后在尖括号里放数据类型，这表明这个集合接口、集合类只能保存特定类型的对象。因为 strList 集合只能添加 String 对象，所以不能将 Integer 对象"丢进"该集合，并且不需要进行强制类型转换，因为 strList 对象可以"记住"它的所有集合元素都是 String 类型。

执行结果如下：

青少年最喜欢的三个服装品牌是：`[Balabala, FILA, ADIDAS]`

8.1.3　创建泛型

泛型的本质是参数化类型，即给类型指定一个参数，然后在使用时再指定此参数具体的值，那样这个类型就可以在使用时决定了。这种参数类型可以用在集合、类、接口和方法中，分别被称为泛型集合、泛型类、泛型接口、泛型方法。这里我们先来讲解泛型集合的基本概念，了解泛型的作用，后文进一步讲解泛型类、泛型接口、泛型方法。

假设现在有一个保存图书信息的类 Book，在里面可以保存每本书的编号和名字。我们可以通过下面的代码创建一个泛型集合 books，这个泛型集合的键类型为 Integer、值类型为 Book。这说明在该 Map 集合中存放的键必须是 Integer 类型、值必须为类 Book 的对象实例，否则会编译出错。

```java
Map<Integer, Book> books = new HashMap<Integer, Book>();
```

8.1.4　Java 集合的缺点

通过本书前面对 Java 集合的学习可知，当把一个对象加入集合后，集合会忘记这个对象的数据类型，当再次取出对象时，该对象的编译类型就变成了 Object 类型(但是运行时的类型没有改变)。Java 集合能保存任何类型的对象，具有很好的通用性。但是，这样做会带来如下两个问题：

- ❖ 集合对元素类型没有任何限制，这样可能引发一些问题。例如，想创建一个只能保存 Pig 的集合，但程序也可以轻易地将 Cat 对象"丢"进去，所以可能引发异常。
- ❖ 当把对象"丢进"集合时，集合丢失了对象的状态信息，集合只知道它盛装的是 Object，所以取出集合元素后通常还需要进行强制类型转换，这种强制类型转换不但会增加编程的复杂度，而且很可能会引发 ClassCastException 异常。

请看下面的实例，没有使用泛型实现项目 8-1 的功能。

实例 8-1 不用泛型的例子(🖊源码路径: codes/008/src/NOFan.java)

本实例的实现文件为 NOFan.java,具体代码如下所示。

```java
import java.util.*;
public class NOFan {
  public static void main(String[] args) {
    List strList = new ArrayList();
    strList.add("Balabala");
    strList.add("FILA");
    strList.add("ADIDAS");
    System.out.println("青少年最喜欢的三个服装品牌是: ");
    strList.add(5);

    for (int i = 0; i < strList.size() ; i++ ){
      String str = (String)strList.get(i);
    }
  }
}
```

> 创建 List 集合对象,注意,没有使用泛型,然后使用 add()方法向集合中添加三个品牌信息

> 将把一个整型数据添加到集合中

> 遍历输出在 List 集合对象中保存的品牌信息,注意,因为 List 里取出的全部是 Object,所以必须强制类型转换,最后一个元素将出现 ClassCastException 异常

执行结果如下:

```
青少年最喜欢的三个服装品牌是:
Exception in thread "main" java.lang.ClassCastException: class
java.lang.Integer cannot be cast to class java.lang.String
(java.lang.Integer and java.lang.String are in module java.base of
loader 'bootstrap')
    at NOFan.main(NOFan.java:12)
```

> 在本实例中创建了一个 List 集合,希望能够保存字符串对象,但是我们没有对这个对象进行任何限制。当把一个 Integer 对象"丢进"了 List 集合中后导致程序在强制类型转换时引发 ClassCastException 异常

📖 练一练

8-1: 使用泛型操作集合(🖊源码路径: codes/008/src/fanxing.java)

8-2: 不使用泛型操作集合(🖊源码路径: codes/008/src/Test.java)

8.2　泛型类、泛型接口和泛型方法：银行存款回执单

扫码看视频

8.2.1　背景介绍

　　为了迎接即将来临的 202X 年，舍友一致决定去校门口的饭店聚餐。酒足饭饱，大家许下新年愿望，当舍友 A 许下"好好学习，学好 Java"的愿望时，我不屑地看了他一眼说道："新的一年，我依然那么俗气，只想发财，天天存款。"请使用 Java 编写一个简易版存款程序，模拟展示银行存款回执单的信息。

8.2.2　具体实现

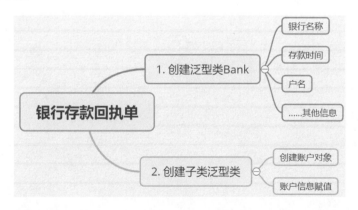

项目 8-2　银行存款回执单(源码路径：codes/008/src/Deposit.java)

本项目的实现文件为 Deposit java，具体代码如下所示。

```java
import java.text.DecimalFormat;
import java.util.Date;
class Bank<T> {                       //创建泛型类 Bank
    T bankName;           //银行名称
    T time;               //存款时间
    T username;           //户名
    T cardNum;            //卡号
    T currency;           //币种
    T inAccount;          //存款金额
    T leftAccount;        //账户余额
}
public class Deposit<T> extends Bank<T> {   //创建泛型类 Deposit，继承于类 Bank
    public static void main(String[] args) {
        Deposit<Object> list = new Deposit<Object>();
        list.bankName = "中国工商银行";
        list.time = new Date();
        list.username = "学生A";
        list.cardNum = "1111 7222 8888 3333 789";
        list.currency = "RMB";
        list.inAccount = 8000.00;
        list.leftAccount = 10000.00;
        //创建 DecimalFormat 对象，用来格式化 Double 类型的对象
        DecimalFormat df = new DecimalFormat("###,###.##");
        System.out.println(
                "银行名称: " + list.bankName
            + "\n存款时间: " + list.time
            + "\n户    名: " + list.username
            + "\n卡    号: " + list.cardNum
            + "\n币    种: " + list.currency
            + "\n存款金额: " + df.format(list.inAccount)
            + "\n账户余额: " + df.format(list.leftAccount)
                );
    }
}
```

注释：创建一个 String 类型的 BankList 对象，表示回执单，然后实现各个成员的初始化工作；打印输出银行存款回执单信息。

执行结果如下：

```
银行名称：中国工商银行
存款时间：Wed Nov 02 10:55:14 CST 2022
户    名：学生 A
卡    号：1111 7222 8888 3333 789
币    种：RMB
存款金额：8,000
账户余额：10,000
```

8.2.3 定义泛型接口和类

从 JDK 1.5 开始，可以为任何类、接口增加泛型声明，并不是只有集合类、集合接口才可以使用泛型声明，虽然泛型是集合的重要使用场所。除了可以定义泛型集合之外，还可以定义泛型类，即限定类的类型参数。

1. 定义泛型类

泛型类的声明和非泛型类的声明类似，只是在类名后面添加了类型参数声明部分。具体语法格式如下：

public class class_name < data_type1,data_type2,…>{}

其中，class_name 表示类的名称，data_ type1 等表示类型参数。Java 泛型支持声明一个以上的类型参数，只需要将类型用逗号隔开即可。一个泛型的类型参数，也被称为一个类型变量，是用于指定一个泛型类型名称的标识符。因为他们接收一个或多个参数，这些类被称为参数化的类或参数化的类型。

2. 定义泛型接口

泛型接口类似于泛型类，定义泛型接口的语法格式如下：

interface interface-name<type-param-list>{}

其中，type-param-list 是逗号分隔的类型参数列表。当实现泛型接口时，必须指定类型参数，语法格式如下：

class class_name<type-param-list> **implements** interface-name<type-param-list>{}

一般来说，如果一个类实现了一个泛型接口，那么该类也必须是泛型的。

如果一个类实现了一个特定类型的泛型接口，那么实现类不需要是泛型的，语法格式如下：

```
class MyClass implements MinMax<Integer>{}
```

📑🔍 练一练

8-3：打印输出某学生的资料(🖋源码路径：codes/008/src/StackTest.java)

8-4：生成前 n 项斐波纳契数列(🖋源码路径：codes/008/src/FibonacciTest.java)

8.2.4　泛型方法

如果一个方法被声明成泛型方法，那么它将拥有一个或多个类型参数。不过与泛型类不同，这些类型参数只能在它所修饰的泛型方法中使用。因为在泛型类中的任何方法，本质上都是泛型方法，所以在实际使用中，很少会在泛型类中专门定义泛型方法。类型参数可以用在方法体中修饰局部变量，也可以用在方法的参数表中，修饰形式参数。泛型方法可以是实例方法或是静态方法。类型参数可以使用在静态方法中，这是与泛型类的重要区别。在 Java 程序中，使用一个泛型方法通常有如下两种形式：

```
<对象名|类名>.<实际类型>方法名(实际参数表);
[对象名|类名].方法名(实际参数表);
```

如果泛型方法是实例方法，要使用对象名作为前缀。如果泛型方法是静态方法，则可以使用对象名或类名作为前缀。如果是在类的内部调用，且采用第二种形式，则前缀都可以省略。注意，这两种调用方法的差别在于前面是否显示指定了实际类型。是否要使用实际类型，需要根据泛型方法的声明形式以及调用时的实际情况(就是看编译器能否从实际参数表中获得足够的类型信息)来决定。

📑🔍 练一练

8-5：提取最大值(🖋源码路径：codes/008/src/MaximumTest.java)

8-6：实现泛型化折半查找(🖋源码路径：codes/008/src/BinSearch.java)

8.3 类型通配符：上市公司年报

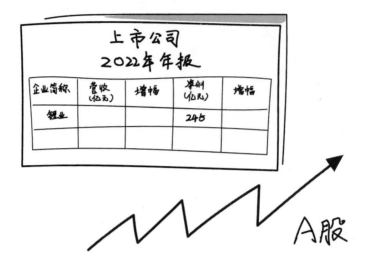

8.3.1 背景介绍

4 月份即将结束，A 股迎来了上市公司的年报和一季报业绩密集披露时间。因为业绩变脸往往在年报披露季集中爆发，所以不少投资者在此期间选择空仓避免业绩暴雷。在 A 股，空仓会战胜 88% 的投资者。本项目使用类型通配符打印输出了某公司的年报数据。

8.3.2 具体实现

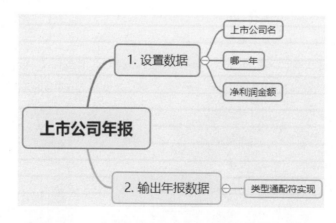

项目 8-3 上市公司年报(📖源码路径：codes/008/src/Shang.java)

本项目的实现文件为 Shang.java，具体代码如下所示。

```java
import java.util.*;
public class Shang {
    public static void main(String[] args) {
        List<String> name = new ArrayList<String>();
        List<Integer> age = new ArrayList<Integer>();
        List<String> number = new ArrayList<String>();

        name.add("XX 锂业");
        age.add(2022);
        number.add("净利润 245 亿元");
        getData(name);
        getData(age);
        getData(number);

    }
    public static void getData(List<?> data) {
        System.out.println("数据: " + data.get(0));
    }
}
```

创建三个集合对象，分别表示公司名、年份和净利润

为三个集合对象赋值，赋值为不同类型的数据

用类型通配符打印输出集合中不同类型的数据

执行结果如下：

```
数据：XX 锂业
数据：2022
数据：净利润 245 亿元
```

8.3.3 类型通配符介绍

假如 SubClass 是 SuperClass 的子类型(子类或者子接口)，而 G 是具有泛型声明的类或者接口，那么 G<SubClass>是 G<SuperClass>的子类型并不成立。例如，List<String>并不是 List<Object>的子类。在 Java 程序中，数组和泛型有所不同，接下来我们与数组进行对比：

```java
//下面程序编译正常、运行正常
Number[] nums = new Integer[7];
nums[0] = 9;
System.out.println(nums[0]);
```

```
//下面程序编译正常,运行时发生 java.lang.ArrayStoreException 异常
Integer[] ints = new Integer[5];
Number[] nums2 = ints;
nums2[0] = 0.4;
System.out.println(nums2[0]);
//下面程序发生编译异常,Type mismatch:
//cannot convert from List<Integer> to List<Number>
List<Integer> iList = new ArrayList<Integer>();
List<Number> nList = iList;
```

在 Java 中,如果 SubClass 是 SuperClass 的子类型(子类或者子接口),那么 SubClass[] 依然是 SuperClass[]的子类,但 G<SubClass>不是 G<SuperClass>的子类。为了表示各种泛型 List 的父类,我们需要使用类型通配符,类型通配符是一个问号?,将一个问号作为类型实参传给 List 集合,写作 List<?> (意思是未知类型元素的 List)。这个问号? 被称作通配符,它的元素类型可以匹配任何类型。示例代码如下:

```
public void test(List<?> c) {
    …
}
```

例如在项目 8-3 中,方法 getData(List<?> data)中用到了类型通配符。

在 Java 程序中,问号"?"就是一个通配符,它只能在"<>"中使用。示例代码如下:

```
public static void fun(List<?> list){…}
```

在上述代码中,可以向 fun()方法传递 List<String>、List<Integer>类型的参数。当传递 List<String>类型的参数时,表示给"?"赋值为 String;当传递 List<Integer>类型的参数给 fun()方法时,表示给"?"赋值为 Integer。

📖🔍 练一练

8-7: 打印输出集合中的元素(📄源码路径: codes/008/src/er.java)

8-8: 添加指定类型的元素(📄源码路径: codes/008/src/BoundedType.java)

第 9 章

Java 中的常用类库

　　Java 语言为广大程序员提供了功能强大的、内置的基础类库，通过这些类库及其内置方法能够帮助我们快速开发出功能强大的 Java 程序，提高开发效率，降低开发难度。对于初学者来说，建议以 Java API 文档为参考进行编程演练，遇到问题时反复查阅 API 文档，逐步掌握更可能多的类。本章将详细讲解 Java 语言中常用内置类库的知识。

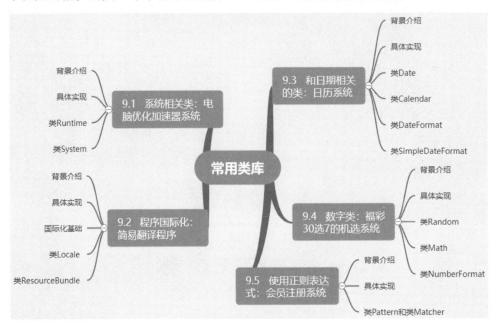

9.1　系统相关类：电脑优化加速器系统

扫码看视频

9.1.1　背景介绍

学校的电脑配置很低，反应很慢，经常出现死机现象。今天在学校机房上 Java 语言实践课，舍友 A 辛辛苦苦写完了程序，刚按下 Ctrl+S 键保存程序，电脑突然死机了。舍友 A 大急，高声喊道："网管，电脑死机了！"结果舍友 A 被老师很很地教育了一顿。请编写一个 Java 程序，帮助舍友 A 加速学校机房的电脑。

9.1.2　具体实现

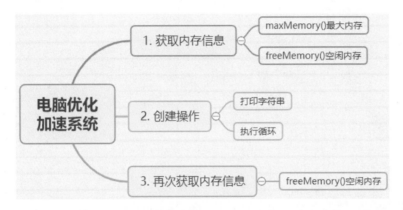

项目 9-1　电脑优化加速器系统(　源码路径：codes/009/src/RuntimeTest.java)

本项目的实现文件为 RuntimeTest.java，具体代码如下所示。

```java
public class RuntimeTest{
  public static void main(String args[]){
    Runtime run = Runtime.getRuntime();            // 创建内置类 Runtime 的对象
    System.out.println("JVM 最大内存量: " + run.maxMemory());   // 获取最大内存
                                                   // 用方法 freeMemory()获取空闲内存
    System.out.println("JVM 空闲内存量: " + run.freeMemory()) ;
    String str = "Hello " + "World" + "!!!" +"\t" + "Welcome " + "To " + "BEIJING"
+ "~" ;
    System.out.println(str);                       // 创建字符串变量 str，然后打印输出 str

    for(int x=0;x<1000;x++){                        // 1000 次的循环操作，这样
        str += x ;                                 // 会产生多个垃圾
    }
```

```
System.out.println("操作 String 之后的,JVM 空闲内存量: "
    + run.freeMemory()) ;
run.gc();
System.out.println("垃圾回收之后,电脑得到了优化加速，现在 JVM 空闲内存量是: "
    + run.freeMemory()) ;
}
}
```

用方法 freeMemory()获取空闲内存,用方法 gc()实现垃圾收集，释放空间

用方法 freeMemory()获取空闲内存

执行结果如下:

> JVM 最大内存量：4271898624
>
> JVM 空闲内存量：267112160
>
> Hello World!!!   Welcome To BEIJING~
>
> 操作 String 之后的，JVM 空闲内存量：264241152
>
> 垃圾回收之后，电脑得到了优化加速，现在 JVM 空闲内存量是：9727648

9.1.3　类 Runtime

在 Java 语言中，类 Runtime 是运行时操作类，是一个封装了 JVM(Java 虚拟机)进程的类，每一个 JVM 都对应着一个类 Runtime 的实例，此实例由 JVM 运行时为其实例化。由于类 Runtime 本身的构造方法是私有化的(单例设计)，所以在 JDK 文档中，读者不会发现任何有关类 Runtime 中对构造方法的定义。如果想取得一个类 Runtime 的实例，只能通过以下方式实现：

```
Runtime run = Runtime.getRuntime();
```

也就是说，在类 Runtime 中提供了一个静态的 getRuntime()方法，此类可以取得类 Runtime 的实例。那么取得类 Runtime 的实例有什么用处呢？既然 Runtime 表示的是每一个 JVM 实例，所以就可以通过 Runtime 取得一些系统的信息。在 Java 程序中，类 Runtime 中的常用方法如表 9-1 所示。

表 9-1　类 Runtime 的常用方法

方法定义	类型	描　　述
public static Runtime getRuntime()	普通	取得类 Runtime 的实例
public long freeMemory()	普通	返回 Java 虚拟机中的空闲内存量
public long maxMemory()	普通	返回 JVM 的最大内存量

续表

方法定义	类型	描　述
public void gc()	普通	运行垃圾回收器，释放空间
public Process exec(String command) throws IOException	普通	执行本机命令

9.1.4　类 System

在 Java 程序中，类 System 是日常开发中经常看见的类，例如系统输出语句 System.out.println()就是类 System 的重要方法之一。类 System 是一些与系统相关属性和方法的集合，而且在此类中所有的属性都是静态的，要想引用这些属性和方法，直接使用类 System 来调用即可。在表 9-2 中，列出了类 System 中的一些常用方法。

表 9-2　类 System 的常用方法

定　义	类型	描　述
public static void exit(int status)	普通	系统退出，如果 status 为非 0 就表示退出
public static void gc()	普通	运行垃圾收集机制，调用的是类 Runtime 中的 gc 方法
public static long currentTimeMillis()	普通	返回以毫秒为单位的当前时间
public static void arraycopy(Object src,int srcPos,Object dest,int destPos,int length)	普通	数组复制操作
public static Properties getProperties()	普通	取得当前系统的全部属性
public static String getProperty(String key)	普通	根据键值取得属性的具体内容

练一练

9-1：计算程序运行时间(源码路径：codes/009/src/SystemTest1.java)

9-2：修改某舍友的年龄(源码路径：codes/009/src/SystemTest2.java)

注意

在 Java 中提供了无用单元自动收集机制。通过方法 totalMemory()和 freeMemory()可以知道对象的堆内存有多大，还剩多少。Java 会周期性地回收垃圾对象(未使用的对象)，以便释放内存空间。如果想先于收集器的下一次指定周期来收集废弃的对象，可以通过调用 gc()方法根据需要运行无用单元收集器。一个很好的试验方法是先调用 gc()方法，然后调用 freeMemory()方法来查看基本的内存使用情况，接着执行代码，然后再次调用 freeMemory()方法看看分配了多少内存。

9.2　程序国际化：简易翻译程序

扫码看视频

9.2.1　背景介绍

现在智能 APP 和在线翻译软件已经十分普及，但是使用这些软件获得方便的同时也产生了很多笑话，例如翻译"感谢我不能住进你的眼，才能拥抱你的背影"，百度翻译结果是：

Thank you I can not live in your eyes, you can hold you back.

【谢谢你，我不能生活在你的眼睛，你能等你回来】

翻译结果是一团糟，所以说翻译软件只能起到一个参考作用，还需要自己在翻译结果的基础上进行完善。本项目实现了一个简易的翻译程序，能够将一句中文同时翻译为"英文"及"法文"。

9.2.2　具体实现

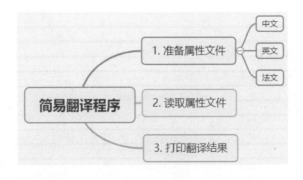

项目 9-2 简易翻译程序(源码路径: codes/009/src/Translate.java)

本项目的实现文件为 Translate.java，具体代码如下所示。

```java
import java.util.ResourceBundle ;
import java.util.Locale ;
import java.text.* ;
public class Translate{
  public static void main(String args[]){
    Locale zhLoc = new Locale("zh","CN") ; // 表示中国
    Locale enLoc = new Locale("en","US") ; // 表示美国
    Locale frLoc = new Locale("fr","FR") ; // 表示法国

    ResourceBundle zhrb = ResourceBundle.getBundle("Message",zhLoc) ;
    ResourceBundle enrb = ResourceBundle.getBundle("Message",enLoc) ;
    ResourceBundle frrb = ResourceBundle.getBundle("Message",frLoc) ;

    String str1 = zhrb.getString("info") ;
    String str2 = enrb.getString("info") ;
    String str3 = frrb.getString("info") ;
    System.out.println("中文: " + MessageFormat.format(str1,"你好")) ;
    System.out.println("英文: " + MessageFormat.format(str2,"how do you do")) ;
    System.out.println("法文: " + MessageFormat.format(str3,"Bonjour")) ;
  }
}
```

创建三个 Locale 对象实例，分别表示中国、美国和法国

创建三个 ResourceBundle 对象实例，分别用于找到中文、英文和法文的属性文件

依次读取各个属性文件的内容，通过键值读取，此时的键值名称统一为 info

依次打印输出中文、英文和法文内容

执行结果如下：

```
中文：你好，你好！
英文：Hello,how do you do!
法文：Bonjour,Bonjour!
```

9.2.3　国际化基础

在 Java 程序中，通常使用类 Locale 来实现 Java 程序的国际化，除此之外，还需要有属性文件和类 ResourceBundle 的支持。属性文件是指后缀为 ".properties" 的文件，文件中的

内容保存结构为"key=value"形式(关于属性文件的具体操作可以参照 Java 类集部分)。因为国际化的程序只是显示语言的不同，所以可以根据不同的国家定义不同的属性文件，属性文件中保存真正要使用的文字信息，要访问这些属性文件，可以使用类 ResourceBundle 来完成。

假如现在有一个程序要求可以同时适应法文、英文、中文的显示，那么此时就必须使用国际化。我们可以根据不同的国家配置不同的资源文件(资源文件有时也称为属性文件，因为其后缀为.properties)，所有的资源文件以"key→value"的形式出现，在程序执行中只是根据 key 找到 value 并将 value 的内容进行显示。也就是说，只要 key 的值不变，value 的内容可以任意更换。在 Java 程序中，必须通过以下三个类实现 Java 程序的国际化操作。

    ✦ java.util.Locale：用于表示一个国家语言类。

    ✦ java.util.ResourceBundle：用于访问资源文件。

    ✦ java.text.MessageFormat：格式化资源文件的占位字符串。

使用上述三个类的操作流程是：先通过类 Locale 指定区域码，然后类 ResourceBundle 根据类 Locale 所指定的区域码找到相应的资源文件。如果资源文件中存在动态文本，则可以使用类 MessageFormat 进行格式化。

9.2.4 类 Locale

要想实现 Java 程序的国际化，首先需要掌握类 Locale 的基本知识。如表 9-3 所示，列出了类 Locale 中的构造方法。

表 9-3 类 Locale 的构造方法

方法定义	类型	描　　述
public Locale(String language)	构造	根据语言代码构造一个语言环境
public Locale(String language,String country)	构造	根据语言和国家构造一个语言环境

实际上，对于各个国家的语言，都有对应的 ISO 编码。例如，中文的编码为 zh-CN，英语-美国的编码为 en-US，法语的编码为 fr-FR。对于各个国家对应的编码，没有必要去死记硬背，只需要知道几个常用的就可以。如果想知道全部的国家编码可以直接搜索 ISO 国家编码，也可以直接在 IE 浏览器中查看各个国家的编码。IE 浏览器可以适应多个国家的语言显示要求，操作步骤为，选择"工具"|"Internet 选项"命令，在打开的对话框中选择"常规"选项卡，单击"语言"按钮，在打开的对话框中单击"添加"按钮，弹出如图 9-1 所示的对话框。

图 9-1　语言编码

9.2.5　类 ResourceBundle

在 Java 程序中，类 ResourceBundle 的主要作用是读取属性文件，读取属性文件时可以直接指定属性文件的名称(指定名称时不需要文件的后缀)，也可以根据类 Locale 所指定的区域码来选取指定的资源文件，类 ResourceBundle 中的常用方法如表 9-4 所示。要想使用 ResourceBunlde 对象，可以直接通过类 ResourceBundle 中的静态方法 getBundle()取得。

表 9-4　类 ResourceBundle 中的常用方法

方 法	类型	描 述
public static final ResourceBundle getBundle (String baseName)	普通	取得 ResourceBundle 的实例，并指定要操作的资源文件名称
public static final ResourceBundle getBundle (String baseName,Locale locale)	普通	取得 ResourceBundle 的实例，并指定要操作的资源文件名称和区域码
public final String getString(String key)	普通	根据 key 从资源文件中取出对应的 value
public static final void clearCache()	普通	清除缓存信息

练一练

9-3：输出不同国家的"早上好！"(源码路径：codes/009/src/InterT2.java)

9-4：查看属性文件中是否保存指定元素(源码路径：codes/009/src/san.java)

9.3 和日期相关的类：日历系统

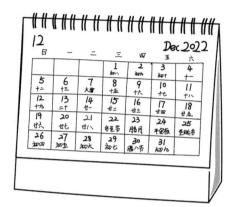

扫码看视频

9.3.1 背景介绍

一年有 372 天，2 月有 31 天，世界上还有这样的日历？怪事发生在印度旁遮普邦，最近，该邦教育部发行的 2019 年日历闹出这样的笑话，当发现错误时，这种日历已发出 1000 本。为了及时了解某个月份的日历信息，请编写一个 Java 程序，打印输出指定月份的日历信息。

9.3.2 具体实现

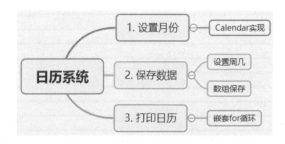

项目 9-3 日历系统(🖉源码路径：codes/009/src/CalendarTest.java)

本项目的实现文件为 CalendarTest.java，具体代码如下所示。

```java
import java.util.Calendar;
public class CalendarTest{
  public static void main(String[] args){
    Calendar calendar=Calendar.getInstance();
    calendar.set(2022,11,1);
```

创建 Calendar 对象实例，设置要显示日期从 2022 年 12 月 1 日开始

判断 2022 年 12 月 1 日为一周中的第几天

```java
int index=calendar.get(Calendar.DAY_OF_WEEK)-1;
char[] title={'日','一','二','三','四','五','六'};
int daysArray[][]=new int[6][7];
int daysInMonth=31;      //该月的天数
int day=1;      //自动增长
for(int i=index;i<7;i++){
    daysArray[0][i]=day++;
}
```

数组 title 保存日历的头部"周几"，二维数组 daysArray 保存日历中的每一天

向数组 daysArray 中填充第一周的日期数据，即日历中的第一行

```java
for(int i=1;i<6;i++){
    for(int j=0;j<7;j++){
        //如果当前 day 表示的是本月最后一天，
        //则停止向数组中继续赋值
        if(day>daysInMonth){
            i=6;
            break;
        }
        daysArray[i][j]=day++;
    }
}
System.out.println("------------------2022 年 12 月------------------\n");
for(int i=0;i<title.length;i++){
    System.out.print(title[i]+"\t");
}
System.out.print("\n");
```

向数组 daysArray 中填充其他周的日历数据，注意要控制好行

打印输出日历的第一行，也就是周几

```java
for(int i=0;i<6;i++){
    for(int j=0;j<7;j++){
        if(daysArray[i][j]==0)
        {
            if(i!=0) {
                //如果到月末，则完成显示日历的任务，停止该方法的执行
                return;
            }
            System.out.print("\t");
            continue;
        }
        System.out.print(daysArray[i][j]+"\t");
    }
    System.out.print("\n");
}
```

打印输出二维数组 daysArray 中的所有元素

```
        }
      }
    }
```

执行结果如下：

```
------------------2022 年 12 月--------------------

日    一    二    三    四    五    六
                       1     2     3
4     5     6     7     8     9     10
11    12    13    14    15    16    17
18    19    20    21    22    23    24
25    26    27    28    29    30    31
```

9.3.3 类 Date

在 Java 程序中，类 Date 是一个较为简单的操作类，在开发中直接使用类 java.util.Date 的构造方法并进行输出就可以得到一个完整的日期。Date 类有很多构造方法，其中大部分都已经不推荐使用，表 9-5 列出了目前最常用的两种。

表 9-5 Date 类目前最常用的两种构造方法

方　法	类型	描　　述
Date()	构造	创建一个 Date 对象，并且初始值为系统当前日期
Date(long date)	构造	创建一个 Date 对象，参数为指定时间距标准基准时间的毫秒数

Date 类提供了很多相关的方法，可以对日期进行相应的操作，如日期的对比、获取年、获取月等，其中大部分已经被其他日期类及其相关方法所取代，目前比较常用的方法如表 9-6 所示。

表 9-6 Date 类的常用方法

方　法	类型	描　　述
boolean after(Date when)	普通	判断当前日期对象是否在指定 when 日期之后
boolean before(Date when)	普通	判断当前日期对象是否在指定 when 日期之前
long getTime()	普通	获取自 1970-01-01 00:00:00 到当前日期对象的毫秒数
void setTime(long time)	普通	设置当前 Date 对象的日期值，参数为毫秒数

📖🔍 练一练

9-5：显示当前的日期是多少(📂源码路径：codes/009/src/DateT1.java)

9-6：判断两天是否是同一天(📂源码路径：codes/009/src/yi.java)

9.3.4　类 Calendar

在 Java 程序中，可以通过类 Calendar 取得当前的时间，并且可以精确到毫秒。类 Calendar 本身是一个抽象类，如果要想使用一个抽象类，则必须依靠对象的多态性，通过子类进行父类的实例化操作。在类 Calendar 中提供了如表 9-7 所示的常量，分别表示日期的各个数字。

表 9-7　类 Calendar 中的常量

常　量	类　型	描　述
public static final int YEAR	int	获取年
public static final int MONTH	int	获取月
public static final int DAY_OF_MONTH	int	获取日
public static final int HOUR_OF_DAY	int	获取小时，24 小时制
public static final int MINUTE	int	获取分
public static final int SECOND	int	获取秒
public static final int MILLISECOND	int	获取毫秒

除了表 9-7 中提供的全局常量外，类 Calendar 还提供了一些常用方法，如表 9-8 所示。

表 9-8　类 Calendar 的常用方法

方　法	类型	描　述
public static Calendar getInstance()	普通	根据默认的时区实例化对象
public boolean after(Object when)	普通	判断一个日期是否在指定日期之后
public boolean before(Object when)	普通	判断一个日期是否在指定日期之前
public int get(int field)	普通	返回给定日历字段的值
set(int year, int month, int date)	普通	设置指定字段的日历

📖🔍 练一练

9-7：显示当前的日期(📂源码路径：codes/009/src/DateDemo.java)

9-8：用指定格式显示一个时间(📂源码路径：codes/009/src/ DateDemo12.java)

9.3.5　类 DateFormat

虽然使用类 java.util.Date 获取的时间是一个非常正确的时间,但是因为其显示的格式不理想,所以无法符合人们的习惯。此时就可以考虑对其进行格式化操作,转换为符合于人们习惯的日期格式。类 DateFormat 与类 MessageFormat 都属于类 Format 的子类,专门用于格式化数据使用。类 DateFormat 是一个抽象类,无法直接进行实例化,该类提供了一些静态方法,可以直接取得本类的实例。类 DateFormat 的常用方法如表 9-9 所示。

表 9-9　DateFormat 类的常用方法

方　法	类型	描　述
public static final DateFormat getDateInstance()	普通	得到默认的对象
public static final DateFormat getDateInstance(int style, Locale aLocale)	普通	根据 Locale 得到对象
public static final DateFormat getDateTimeInstance()	普通	得到日期时间对象
public static final DateFormat getDateTimeInstance(int dateStyle,int timeStyle,Locale aLocale)	普通	根据 Locale 得到日期时间对象
String format(Date date)	普通	将 Date 格式化日期/时间字符串

9.3.6　类 SimpleDateFormat

在 Java 程序中,经常需要将一种日期格式转换为另外一种日期格式,例如将日期2022-10-19 10:11:30.345,转换后日期为 2022 年 10 月 19 日 10 时 11 分 30 秒 345 毫秒。从这两个日期可以看出,日期的数字完全一样,只是日期的格式有所不同。在 Java 中要想实现上述转换功能,必须使用包 java.text 中的类 SimpleDateFormat 来完成。在使用该类时,需要先定义出一个完整的日期转化模板,在模板中通过特定的日期标记可以将一个日期格式中的日期数字提取出来,日期格式化模板标记如表 9-10 所示。

表 9-10　日期格式化模板标记

标　记	描　述
y	年,年份是 4 位数字,使用 yyyy 表示
M	年中的月份,月份是两位数字,使用 MM 表示
d	月中的天数,天数是两位数字,使用 dd 表示
H	一天中的小时数(24 小时),小时是两位数字,使用 HH 表示

续表

标　记	描　述
m	小时中的分钟数，分钟是两位数字，使用 mm 表示
s	分钟中的秒数，秒是两位数字，使用 ss 表示
S	毫秒数，毫秒数是 3 位数字，使用 SSS 表示

有了日期转化模板，还需要使用类 SimpleDateFormat 中的方法才可以完成日期格式的转换，该类中的常用方法如表 9-11 所示。

表 9-11　类 SimpleDateFormat 中的常用方法

方　法	类型	描　述
public SimpleDateFormat(String pattern)	构造	通过一个指定的模板构造对象
public ate parse(String source) throws ParseException	普通	将一个包含日期的字符串变为 Date 类型
public final String format(Date date)	普通	将一个 Date 类型按照指定格式变为 String 类型

9.4　数字类：福彩 30 选 7 的机选系统

扫码看视频

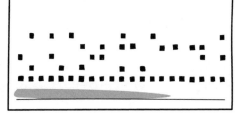

9.4.1 背景介绍

七乐彩是全国联网电脑福利彩票 30 选 7 的简称。由中国福利彩票发行管理中心(简称"中福彩中心")统一组织发行，由各省、自治区、直辖市福利彩票发行中心(简称"省中心")在中国行政区域内联合销售。七乐彩采用组合式玩法，从 01 到 30 共 30 个号码中选择 7 个号码组合为一注投注号码。每注金额人民币 2 元。本项目模拟实现了福彩 30 选 7 的机选系统，能够随机生成一注福彩 30 选 7 彩票的号码。

9.4.2 具体实现

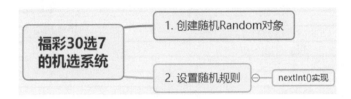

项目 9-4 福彩 30 选 7 的机选系统(📌 源码路径: codes/009/src/RandomTest.java)

本项目的实现文件为 RandomTest.java，具体代码如下所示。

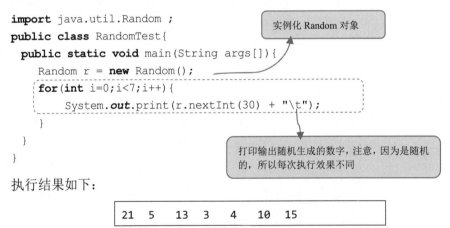

```java
import java.util.Random ;
public class RandomTest{
  public static void main(String args[]){
     Random r = new Random();
     for(int i=0;i<7;i++){
         System.out.print(r.nextInt(30) + "\t");
     }
  }
}
```

实例化 Random 对象

打印输出随机生成的数字，注意，因为是随机的，所以每次执行效果不同

执行结果如下：

21	5	13	3	4	10	15

9.4.3 类 Random

在 Java 程序中，类 Random 是一个随机数产生类，可以指定一个随机数的范围，然后随机产生在此范围中的数字。类 Random 提供如下重要方法：

- ◇ public boolean nextBoolean()：返回一个随机的布尔值。
- ◇ public double nextDouble()：返回一个随机的双精度型值。
- ◇ public int nextInt()：返回一个随机整数。
- ◇ public int nextInt(int n)：生成一个随机的介于 0～n 的随机 int 值，包含 0 而不包含 n。
- ◇ public void setSeed(long seed)：设置 Random 对象中的种子数。
- ◇ public long nextLong()：返回一个随机长整型值。
- ◇ public float nextFloat()：返回一个随机浮点型值。

9.4.4　类 Math

在 Java 程序中，类 Math 是实现数学运算操作的类，在此类中提供了一系列的数学操作方法，如求绝对值、三角函数等。类 Math 中提供的一切方法都是静态方法，可以直接由类名称调用。类 Math 中的常用方法如下：

- ◇ public static int abs(int a)、public static long abs(long a)、public static float abs(float a)、public static double abs(double a)：用来求绝对值。
- ◇ public static native double acos(double a)：求反余弦函数。
- ◇ public static native double asin(double a)：求反正弦函数。
- ◇ public static native double atan(double a)：求反正切函数。
- ◇ public static native double ceil(double a)：返回最小的大于 a 的整数。
- ◇ public static native double cos(double a)：求余弦函数。
- ◇ public static native double exp(double a)：求 e 的 a 次幂。
- ◇ public static native double floor(double a)：返回最大的小于 a 的整数。
- ◇ public static native double log(double a)：求对数。
- ◇ public static native double pow(double a, double b)：求 a 的 b 次幂。
- ◇ public static native double sin(double a)：求正弦函数。
- ◇ public static native double sqrt(double a)：求 a 的开平方。
- ◇ public static native double tan(double a)：求正切函数。
- ◇ public static synchronized double random()：返回 0 到 1 之间的随机数。
- ◇ public static native double toRadians(double d)：用于将角度转换为弧度。

9.4.5　类 NumberFormat

在 Java 程序中，类 NumberFormat 是用于数字格式化的类，即可以按照本地的风格习惯进行数字的显示。类 NumberFormat 是一个抽象类，和类 MessageFormat 一样，都是 Format

的子类，在使用时可以直接使用类 NumberFormat 中提供的静态方法为其实例化。类 NumberFormat 的常用方法如表 9-12 所示。

表 9-12　NumberFormat 类的常用方法

方　法	类型	描　述
public static Locale[] getAvailableLocales()	普通	返回所有语言环境的数组
public static NumberFormat getInstance()	普通	返回默认语言环境的通用数值格式
public static NumberFormat getInstance(Locale inLocale)	普通	返回指定语言环境的通用数值格式
public static NumberFormat getCurrencyInstance()	普通	返回当前默认语言环境的货币格式
public static NumberFormat getCurrencyInstance(Locale inLocale)	普通	返回指定环境的货币格式
public static final NumberFormat getIntegerInstance()	普通	返回当前默认环境的整数格式
public static NumberFormat getIntegerInstance(Locale inLocale)	普通	返回指定语言环境的整数格式
public static final NumberFormat getNumberInstance()	普通	返回当前默认环境的通用数值
public static NumberFormat getNumberInstance(Locale inLocale)	普通	返回指定语言环境的通用数值
public static final NumberFormat getPercentInstance()	普通	返回当前默认环境的百分比格式
public static NumberFormat getPercentInstance(Locale inLocale)	普通	返回指定语言环境的百分比格式

因为现在的操作系统是中文语言环境，所以以上数字显示成了中国的数字格式化形式。另外，在类 NumberFormat 中还有一个比较常用的子类——DecimalFormat。DecimalFormat 类也是 Format 的一个子类，主要作用是格式化数字。当然，在格式化数字时要比直接使用 NumberFormat 更加方便，因为可以直接指定按用户自定义的方式进行格式化操作。与 SimpleDateFormat 类似，如果要进行自定义格式化操作，则必须指定格式化操作的模板，此模板如表 9-13 所示。

表 9-13　类 DecimalFormat 格式化模板

标　记	位　置	描　述
0	数字	代表阿拉伯数字，每一个 0 表示一位阿拉伯数字，如果该位不存在则显示 0
#	数字	代表阿拉伯数字，每一个#表示一位阿拉伯数字，如果该位不存在则不显示
.	数字	小数点分隔符或货币的小数分隔符
-	数字	代表负号

续表

标　记	位　置	描　述
,	数字	分组分隔符
E	数字	分隔科学计数法中的尾数和指数
;	子模式边界	分隔正数和负数子模式
%	前缀或后缀	数字乘以 100 并显示为百分数
\u2030	前缀或后缀	乘以 1000 并显示为千分数
\u00A4	前缀或后缀	货币记号，由货币号替换。如果两个同时出现，则用国际货币符号替换；如果出现在某个模式中，则使用货币小数分隔符，而不使用小数分隔符
,	前缀或后缀	用于在前缀或后缀中为特殊字符加引号,例如"'#'#" 将 123 格式化为"#123"。要创建单引号本身，则连续使用两个单引号，例如"# o''clock"

9.5　使用正则表达式：会员注册系统

扫码看视频

9.5.1　背景介绍

　　舍友 A 听同学说在一个 APP 上购买商品会超级便宜，于是在手机上安装了这款 APP。然后注册会员，结果在经过多次输入注册信息后，没有注册成功。找了半天原因，原来在注册时填写的生日格式不正确，不符合日期格式。请编写一个 Java 程序，能够验证在注册时输入的日期格式是否合法。

9.5.2　具体实现

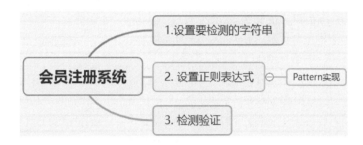

项目 9-5　会员注册系统(源码路径：codes/009/src/Reg.java)

本项目的实现文件为 Reg.java，具体代码如下所示。

```java
import java.util.regex.Pattern;
import java.util.regex.Matcher ;
public class Reg{
  public static void main(String args[]){
    String str = "2023-12-27";
    String pat = "\\d{4}-\\d{2}-\\d{2}";
    Pattern p = Pattern.compile(pat) ;      //实例化 Pattern 类
    Matcher m = p.matcher(str) ;        //实例化 Matcher 类
    System.out.println(""2023-12-27"是一个日期格式吗? ") ;
    if(m.matches()){
        System.out.println("日期格式合法! ") ;
    }else{
        System.out.println("日期格式不合法! ") ;
    }
  }
}
```

> 变量 str 表示要验证的字符串
> 变量 pat 表示验证用的正则表达式

> 使用正则表达式实现验证匹配，并打印输出验证结果

在上述代码中，"\"字符是需要进行转义的，两个"\"实际上表示的是一个"\"，所以实际上"\\d"表示的是"\d"。执行后会输出：

“2023-12-27”是一个日期格式吗?
日期格式合法!

9.5.3 类 Pattern 和类 Matcher

正则表达式是一种可以用于模式匹配和替换的规范，一个正则表达式就是由普通的字符(如字符 a 到 z)以及特殊字符(元字符)组成的文字模式，它用来描述在查找文字主体时待匹配的一个或多个字符串。正则表达式作为一个模板，将某个字符模式与所搜索的字符串进行匹配。自从 JDK1.4 推出 java.util.regex 包以来，Java 就为我们提供了很好的正则表达式应用平台。

java.util.regex 是一个用正则表达式所订制的模式来对字符串进行匹配工作的类库包。它包括两个类：Pattern 和 Matcher。其中，Pattern 是一个正则表达式经编译后的表现模式，而 Matcher 对象是一个状态机器，它依据 Pattern 对象作为匹配模式对字符串展开匹配检查。首先一个 Pattern 实例订制了一个所用语法与 PERL 的类似的正则表达式经编译后的模式，然后一个 Matcher 实例在这个给定的 Pattern 实例的模式控制下进行字符串的匹配工作。也就是说，如果要在程序中应用正则表达式，必须依靠类 Pattern 与类 Matcher，类 Pattern 的主要作用是进行正则规范的编写，而类 Matcher 主要是执行规范，验证一个字符串是否符合其规范。

类 Pattern 中的常用方法如表 9-14 所示。

表 9-14 Pattern 类的常用方法

方　　法	类　型	描　　述
public static Pattern compile(String regex)	普通	指定正则表达式规则
public Matcher matcher(CharSequence input)	普通	返回 Matcher 类实例
public String[] split(CharSequence input)	普通	字符串拆分

如果在类 Pattern 中取得类 Pattern 的实例，则必须调用 compile()方法。如果要验证一个字符串是否符合规范，则可以使用类 Matcher 实现。类 Matcher 中的常用方法如表 9-15 所示。

表 9-15 Matcher 类的常用方法

方　　法	类　型	描　　述
public boolean matches()	普通	执行验证
public String replaceAll(String replacement)	普通	字符串替换

📠 练一练

9-9：提取字符串里面的单词(🖊源码路径：codes/009/src/yi1.java)

9-10：替换字符串中的指定内容(🖊源码路径：codes/009/src/san1s.java)

第 **10** 章

异 常 处 理

异常是指程序在执行过程中出现的不正常情况，在编写 Java 程序的过程中，发生异常是在所难免的，如程序的磁盘空间不足、网络连接中断、被加载的类不存在、程序逻辑出错等。针对这些非正常的情况，Java 语言提供了异常处理机制，它以异常类的形式对各种可能导致程序发生异常的情况进行封装，进而以十分便捷的方式去捕获和处理程序运行过程中可能发生的各种问题，进一步保证了 Java 程序的健壮性。本章将详细讲解 Java 语言的异常处理知识。

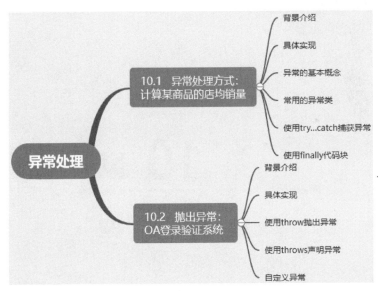

10.1　异常处理方式：计算某商品的店均销量

扫码看视频

10.1.1 背景介绍

某新兴品牌经过过去一年的市场开拓后，在国内外建立了多个分店，过去一年的销量也逐月递增。春节临近，公司总部召开年会，将公布已经营业的分店数量和所有商品的销量。请编写一个 Java 语言程序，根据输入的分店数量和商品总销量，计算平均每店的销量。

10.1.2 具体实现

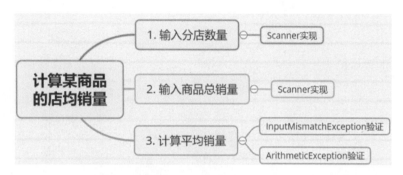

项目 10-1 计算某商品的店均销量(源码路径：codes/10/src/Aver.java)

本项目的实现文件为 Aver.java，具体代码如下所示。

```java
import java.util.InputMismatchException;
import java.util.Scanner;
public class Aver{
    public static void main(String[] args) {
        Scanner input=new Scanner(System.in);
        try{
            System.out.println("请输入分店数量: ");
            int count=input.nextInt();
            System.out.println("请输入商品 A 的总销量: ");
            int score=input.nextInt();
            int avg=score/count;              //计算平均销量
            System.out.println("商品 A 的店均销量为: "+avg);
        }
        catch(InputMismatchException e1){
            System.out.println("输入数值有误! ");
        }
```

提示分别输入分店数量和销售总量

计算店均销量并打印输出

如果发生 InputMismatchException 异常则输出对应的提示

```
catch(ArithmeticException e2){
    System.out.println("输入的分店数不能为 0！");
}
        }
    }
}
```

如果发生 ArithmeticException 异常则输出对应的提示

如果输入的数字合法，则执行结果如下：

请输入分店数量：
12
请输入商品A的总销量：
600000
商品A的店均销量为：50000

如果输入的分店数为零，则会引发 ArithmeticException 错误，执行结果如下：

请输入分店数量：

0

试图除以 0，这是非法的

请输入商品 A 的总销量：

6000

输入的分店数不能为 0！

10.1.3　异常的基本概念

当我们登录 QQ 等聊天工具时，如果断网，程序会给出"网络有问题，请检查联网设备"之类的提示。这是因为聊天程序中编写了针对各个网络状况的处理代码，登录时程序首先会检查网络状况。如果发现没有连上网络，相关代码就会抛出异常，而用户看到的提示信息就是对异常信息进行处理后反馈的人性化提示。然而，聊天程序是如何发现并处理这种异常的呢，这就是本章要学习的内容。

对于一名 Java 开发人员而言，保证程序的健壮性是编程过程的核心任务之一。但是，任何人都无法保证自己编写的程序是一定可以正常编译运行的，总是难免会因为一时疏忽或者其他情况而导致程序无法正常运行。一般而言，导致程序非正常停止的原因可以分为两类：一类是 Java 程序运行时产生的系统内部错误或者资源耗尽等问题，这类问题一般都比较严重，仅靠程序本身无法恢复，Java 称之为错误；另一类则是可以仅靠程序本身恢复的问题，Java 称之为异常。在 Java 语言中，将导致程序无法正常执行的情况统称为异常，异常主要有如下三个来源：

◇　系统内部错误发生异常，Java 虚拟机产生的异常，也就是前文所指的错误。

- 程序代码中出现逻辑错误，如空指针、数组越界等，这种异常称为未检查的异常，
  一般需要在某些类中集中处理。
- 通过 throw 语句手动生成的异常，这种异常称为检查的异常，一般用来告知该方法
  的调用者一些必要的信息。

10.1.4 常用的异常类

Exception 异常主要分为两类，一类是编译时异常，另一类是运行时异常。

1．编译时异常

编译时异常也称 checked 异常，这类异常要求开发人员必须在程序编译期间进行处理，
否则程序无法正常编译。这是因为在编译过程中，编译器会对代码进行检查，如果发现编
译时异常，程序就无法通过编译。在类 Exception 的子类中，除了类 RuntimeException 及其
子类外，其他类都是编译时异常，如 IOException(I/O 异常)、DataFormatException(数据格式
异常)、SQLException(数据库访问异常)、ParserException(解析异常)等，都是常见的编译时
异常。其中，IOException 异常最为常见，它有 EOFEException(文件已结束异常)、
FileNotFoundException(文件未找到异常)等常用子类。

2．运行时异常

在类 Exception 的子类中，类 RuntimeException 及其子类都属于运行时异常，类异常也
称 unchecked 异常。与编译时异常不同，这类异常由 Java 虚拟机进行自动捕获处理。也就
是说，即使程序中存在未处理的运行时异常，程序也可以通过编译，只是在运行的过程中
才会报错。

运行时异常是 Java 开发中最常见的异常，也是异常处理的主要对象，如表 10-1 所示，
列出了最常用的运行时异常类，它们都是类 RuntimeException 的子类。

表 10-1 最常用的运行时异常类

异常类名称	异常类含义
ArithmeticException	算术异常类
IndexOutOfBoundsException	小标越界异常类
ClassCastException	类型强制转换异常类
ClassNotFoundException	未找到相应大类异常
NullPointerException	空指针异常
NumberFormatException	字符串转换为数字异常类

10.1.5　使用 try…catch 捕获异常

当程序发生异常时会立即停止，为了保证程序能够有效地执行，Java 提供一种对异常进行处理的机制——异常捕获。一般情况下，异常捕获使用 try…catch 语句，在项目 10-1 中用到了这个语句，其语法格式如下：

```
try{
    …//可能会出现异常情况的代码
}
catch(InputMismatchException e1){
    …异常处理代码
}
```

在编写 Java 程序时，可能发生异常的代码通常被放在 try 代码块中，而 catch 代码块中则编写针对被捕获的异常的处理代码。当 try 代码块中的程序发生异常时，Java 虚拟机将自动创建一个包含了异常信息的 Exception 对象，并将这个对象传递给 catch 代码块。

在 Java 异常捕获机制中，一个 try 代码块后可以跟进多个 catch 代码块，用于处理不同的情况。在项目 10-1 中用到了使用 try 处理多个异常的情况，语法格式如下：

```
try{
    …//可能会出现异常情况的代码
}
catch(InputMismatchException e1){
    …异常处理代码 1
}
catch(ArithmeticException e2){
    …异常处理代码 2
}
…
```

10.1.6　使用 finally 代码块

Java 异常捕获结构由三部分组成，分别是 try 代码块、catch 代码块和 finally 代码块。try 代码块和 catch 代码块的作用前文已经讲解，finally 代码块是最终执行的代码块，无论 try...catch 块中是否发生异常，finally 代码块中的代码都会被执行。在实际开发中，由于异常会强制中断程序的正常运行流程，使得某些不管在任何情况下都必须执行的步骤被忽略，从而影响程序的健壮性，所以当希望程序中的某些语句无论程序是否发生异常都执行时，可以将这些语句打包成 finally 代码块，这样可保证程序的健壮性。综上所述，我们可以将 Java 异常捕获的语法格式总结如下：

```
try {
    …                            //可能会产生异常的程序代码
} catch (Exception e) {
    …                            //发生异常后处理的程序代码1
}catch (Exception e) {
    …                            //发生异常后处理的程序代码2
} … catch (Exception e) {
    …                            //发生异常后处理的程序代码n
}
finally {
    …                            //最终执行的程序代码
}
```

📖 练一练

10-1：将字符串转换为整型(📄源码路径：codes/10/src/yi001.java)

10-2：三个整型变量的除法运算(📄源码路径：codes/10/src/er.java)

10.2　抛出异常：OA 登录验证系统

扫码看视频

10.2.1　背景介绍

在某软件公司的 OA 管理系统中，要求管理员的用户名由 8 位以上的字母或者数字组成，不能含有其他的字符。当长度在 8 位以下时抛出异常，并显示异常信息；当字符含有非字母或者数字时，同样抛出异常，显示异常信息。本程序使用 Java 语言实现 OA 登录验证功能。

10.2.2　具体实现

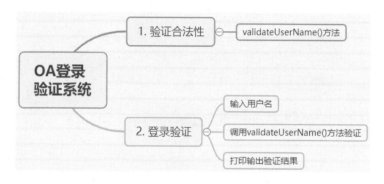

项目 10-2　OA 登录验证系统(源码路径：codes/10/src/OaException.java)

本项目的实现文件为 OaException.java，具体代码如下所示。

```java
import java.util.Scanner;
public class OaException{
  public boolean validateUserName(String username) throws Exception{
    boolean con=false;
    if(username.length()>8){
        for(int i=0;i<username.length();i++){
            char ch=username.charAt(i);//获取所有字符
            if((ch>='0'&&ch<='9')||(ch>='a'&&ch<='z')
            ||(ch>='A'&&ch<='Z')){
                con=true;
            }
        else{
            con=false;
            throw new Exception("用户名只能由字母和数字组成！");
        }
    }
}
```

判断用户名长度是否大于 8 位，如果大于 8 位则判断是否由字母或者数字组成

如果用户名长度大于 8 位但不是由字母或者数字组成则输出提示

```
    }
    else{
        throw new Exception("用户名长度必须大于 8 位！");
    }
    return con;
}
public static void main(String[] args){
    OaException te=new OaException();
    Scanner input=new Scanner(System.in);
    System.out.println("XX 软件 OA 管理系统");
    System.out.println("------------------------");
    System.out.println("请输入用户名：");
    String username=input.next();
    try{
        boolean con=te.validateUserName(username);
        if(con){
            System.out.println("用户名输入正确！");
        }
    }
    catch(Exception e){
        System.out.println(e);
    }
  }
}
```

如果用户名长度不大于 8 位则输出提示

调用 validateUserName()方法验证用户输入的用户名

如果输入的用户名合法，则执行结果如下：

```
XX 软件 OA 管理系统
------------------------
请输入用户名：
Guan888888
用户名输入正确！
```

如果输入的用户名非法，则执行结果如下：

```
XX 软件 OA 管理系统
------------------------
请输入用户名：
aaaa
java.lang.Exception: 用户名长度必须大于 8 位！
```

10.2.3　使用 throw 抛出异常

在 Java 程序中，以使用 throw 语句在方法体内抛出异常对象。在项目 10-2 中，使用 throw 抛出了异常。需要注意的是，一个 throw 语句只能抛出一个异常对象。throw 语句的基本格式如下：

```
boolean 方法名(参数列表) throws 异常类型{
    方法体;
    throw new 异常对象();
}
```

throw 语句用于在方法体内抛出异常进而要求该方法的调用者处理，使用 throw 抛出异常时需要注意如下几点：

- ✧　由 throw 语句抛出的对象必须是 Throwable 类或者其子类的实例，例如下面的代码是不合法的，因为 String 类不是异常类型。

```
throw new String("有人溺水啦，救命啊!");     //编译错误
```

- ✧　在使用 throw 语句抛出异常对象方法声明处，一般要使用 throws 关键字来声明该方法可能抛出的异常类型，但是如果抛出的是 Error、RuntimeException 及其子类的异常对象，则无需使用 throws 关键字来声明该方法可能抛出的异常类型。

10.2.4　使用 throws 声明异常

Java 程序中的异常是在所难免的，在实际开发中，如果一个方法出现异常，但没有能力处理这种异常，那么可以在该方法声明处用 throws 关键字来声明其可能抛出的异常类型，throws 后面可以跟多个异常类型，用逗号分隔，具体语法格式如下：

```
boolean validateUserName(参数列表) throws 异常类1,异常类2,…,异常类n{
    方法体;
}
```

某个方法如果使用 throws 声明抛出异常，则表示当前方法不再对异常做任何处理，而是由方法调用者来进行处理。此时，无论原方法是否有异常发生，系统都会要求调用者必须对异常进行处理。

> 📖🔍 练一练
>
> 10-3：使用 throws 声明异常(📄源码路径：codes/10/src/ThrowsTest.java)
>
> 10-4：数据的逻辑错误(📄源码路径：codes/10/src/People.java)

10.2.5　自定义异常

在实际开发中，Java 自带的异常类往往不能满足实际需求，很多时候需要程序员自定义异常类。在 Java 程序中要想创建自定义异常类，需要继承类 Exception 及其子类。由于自定义异常类继承了类 Exception 或其子类，也就继承了类 Throwable，所以系统会把它与 Java 自带的异常类一样对待。当然，自定义异常类也继承了其父类的所有方法，如 getMassage()、printStackTrace()、getStackTrace()等。

实例 10-1　限制应聘者的年龄(源码路径：codes/10/src/Age.java)

本实例的实现文件为 Age.java，具体代码如下所示。

```java
import java.util.InputMismatchException;
import java.util.Scanner;
class MyException extends Exception{
  public MyException() {          // 自定义异常类 MyException
    super();
  }
  public MyException(String str){  // 异常类 MyException 的构造方法
    super(str);
  }
}

public class Age{
  public static void main(String[] args){
    int age;
    Scanner input=new Scanner(System.in);
    System.out.println("XX 软件在线招聘系统");
    System.out.println("----------------------------");
    System.out.println("请输入您的年龄：");
    try{
      age=input.nextInt();
      if(age<18){                  // 如果输入的年龄小于 18
        throw new MyException("你太小了，请成年后再来应聘！");
      }
      else if(age>100){            // 如果输入的年龄大于 100
        throw new MyException("您输入的年龄大于 100！输入有误！");
      }
      else{                        // 如果输入的年龄合法
```

```
            System.out.println("您的年龄为: "+age);
        }
    }
    catch(InputMismatchException e1){
        System.out.println("输入的年龄不是数字! ");
    }
    catch(MyException e2){
        System.out.println(e2.getMessage());
    }
  }
}
```

执行结果如下:

```
XX 软件在线招聘系统
-----------------------------
请输入您的年龄:
12
你太小了，请成年后再来应聘!
```

📖 练一练

10-5: 银行存款、取款处理系统(源码路径: codes/10/src/BankDemo.javaa)

10-6: 数组元素索引越界(源码路径: codes/10/src/MyExceptionTest.java)

第 11 章

文件操作处理

在计算机系统中通常会保存各式各样的文件,如文件夹、Word 文件、记事本文件、压缩文件等。当今主流的编程语言都提供了对文件进行操作的接口,作为一门面向对象的高级语言,Java 自然也不例外,它提供了 I/O 系统,专门对文件进行操作,通过 I/O 可以帮助开发人员快速操作文件。本章将详细讲解 Java 语言文件操作处理的知识。

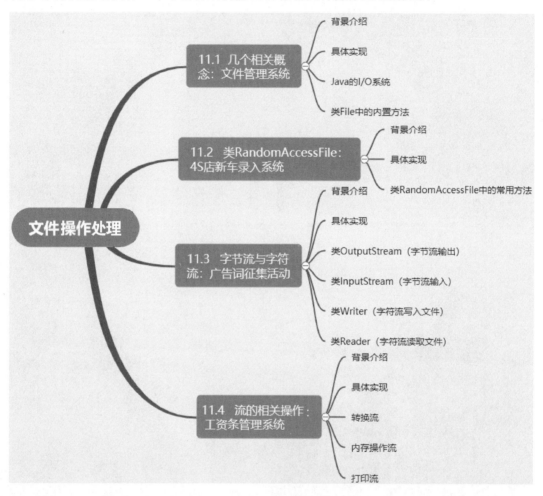

11.1 几个相关概念：文件管理系统

扫码看视频

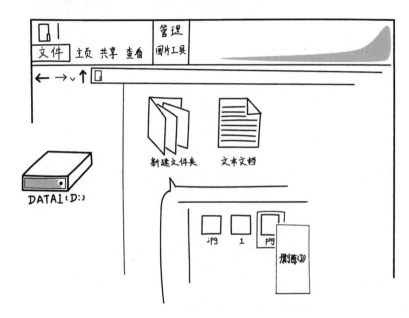

11.1.1　背景介绍

在计算机中用硬盘可以保存的数据有文本文件、视频文件和图片文件。在生活中经常在计算机硬盘中新建文件或文件夹，请尝试使用 Java 语言在指定的硬盘目录中分别创建一个记事本文件和一个文件夹，然后尝试删除其中刚刚创建的文件或文件夹。

11.1.2　具体实现

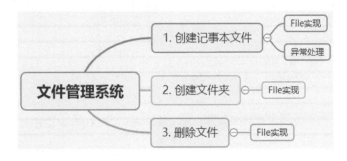

项目 11-1 文件管理系统(源码路径： codes/11/src/Fileadmin.java)

本项目的实现文件为 Fileadmin.java，具体代码如下所示。

```java
import java.io.File ;
import java.io.IOException ;
public class Fileadmin{
  public static void main(String args[]){
    File f = new File("H:\\学习资料\\奔驰GLA.txt");
    try{
        f.createNewFile();
    }
catch(IOException e){
        e.printStackTrace();
    }
    File f1 = new File("H:\\学习资料"+File.separator+"Java 实例") ;
    f1.mkdir();
    f.delete();
  }
}
```

使用类 File 中的方法 createNewFile()创建记事本文件

使用类 File 中的方法 mkdir()创建文件夹

使用类 File 中的方法 delete()删除记事本文件

在执行时建议先删除倒数第三行代码"f.delete()"，执行结果如下：

此时在"H:\学习资料"中看到刚刚创建的记事本文件"奔驰 GLA.txt"和文件夹"Java 实例"

如果添加倒数第三行代码"f.delete()"，则执行结果如下：

删除上面创建记事本文件"奔驰 GLA.txt"，此时在"H:\学习资料"中只看到文件夹"Java 实例"

11.1.3 Java 的 I/O 系统

无论是哪一种开发语言，都离不开对硬盘数据的处理，Java 自然也不能例外。为了方便、高效地处理硬盘数据，Java 提供了 I/O 流系统，即数据输入/输出流，也称数据流。说简单点，I/O 流就是数据流的输入/输出方式。输入模式是由程序创建某个信息文件的格式，可以是普通的文本文件(例如记事本、word、压缩包等)，也可以是其他的类型的数据。输出模式与输入模式恰好相反，是由程序创建某个输出对象的数据流，并打开数据对象(即输出目的地)，将数据写入数据流。

　　Java 的 I/O 操作主要是指使用 Java 进行输入/输出操作，Java 中的文件操作类都被存放在 java.io 包中，在使用时需要导入此包。整个 java.io 包的构成如图 11-1 所示。其中，最常用的重要类有 6 个，分别是指 File、RandomAccessFile、OutputStream、InputStream、Writer 和 Reader。掌握了这些 I/O 操作的核心，就可以掌握 Java 操作文件的核心方法。

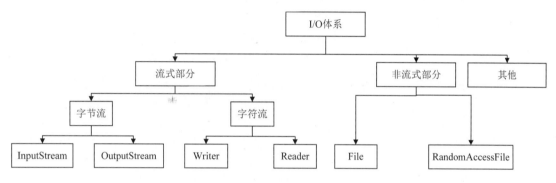

图 11-1　java.io 包的构成

11.1.4　类 File 中的内置方法

　　在整个 Java 的 IO 系统中，唯一与文件本身有关的类就是 File。使用类 File 可以实现创建或删除文件等常用的操作。要想在 Java 程序中使用类 File，需要使用该类的构造方法，在实例化类 File 时必须设置好路径，即使用类 File 的构造方法 File(String pathname)创建对象时，必须向其中传递一个文件路径参数，假如要操作 E 盘下的文件 test.txt，则路径必须写成"E:\\test.txt"，其中"\\"表示一个"\"。要使用类 File 操作文件，还需要使用类 File 中定义的若干方法。该类的常用方法如表 11-1 所示。

表 11-1　类 File 的常用方法

方　　法	类　型	描　　述
public static final String pathSeparator	常量	表示路径的分隔符，例如在 Windows 系统中为";"
public static final String separator	常量	表示路径的分隔符，例如在 Windows 系统中为"\"
public File(String pathname)	构造	创建 File 类对象，转入完整路径
public File(String parent,String child)	构造	创建 File 对象，parent 表示上级目录，child 表示指定的子目录或文件名

方 法	类 型	描 述
public File(File obj,String child)	构造	设置 File 对象，obj 表示 File 对象，child 表示指定的子目录或文件名
public boolean createNewFile() throws IOException	普通	创建新文件
public boolean delete()	普通	删除文件
public boolean exists()	普通	判断文件是否存在
public boolean isDirectory()	普通	判断给定的路径是否是一个目录
public long length()	普通	返回文件的大小
public String[] list()	普通	列出指定目录的全部内容，只是列出名称
public File[] listFiles()	普通	列出指定目录的全部内容，会列出路径
public boolean mkdir()	普通	创建一个目录
public boolean renameTo(File dest)	普通	为已有的文件重新命名

11.2 类 RandomAccessFile：4S 店新车录入系统

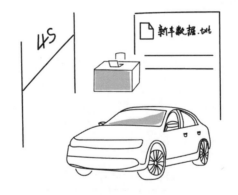

扫码看视频

11.2.1 背景介绍

金九银十消费旺季即将到临，某市车展人山人海，××品牌 4S 店正在从厂家大量进货，争取提前完成年度销售任务。为了工作方便，销售经理将不同车型的进货数量保存到记事本文件"新车数据.txt"中。请尝试用 Java 程序实现文件的写入操作，帮助销售经理将新车进货数据写入文件"新车数据.txt"中。

11.2.2　具体实现

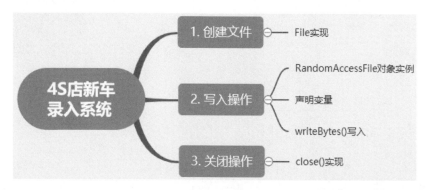

项目 11-2　4S 店新车录入系统(源码路径： codes/11/src/RandomAccessT.java)

本项目的实现文件为 RandomAccessT.java，具体代码如下所示。

```java
import java.io.File;
import java.io.RandomAccessFile;
public class RandomAccessT1{
// 所有的异常直接抛出，程序中不再进行处理
public static void main(String args[]) throws Exception{
    File f = new File("H:\\学习资料" + File.separator + "新车数据.txt") ;
    RandomAccessFile rdf = null ;
    rdf = new RandomAccessFile(f,"rw") ;
    String name = null ;
    name = "BMW318i    500 ";
    rdf.writeBytes(name) ;
    name = "BMW320Li    300    " ;
    rdf.writeBytes(name) ;
    name = "BMW328Li    300 " ;
    rdf.writeBytes(name) ;
    rdf.close();
}
}
```

创建记事本文件

创建类 RandomAccessFile 的对象，使用读写模式，如果文件不存在会自动创建

创建变量 name，将 name 的不同赋值写入记事本文件中

关闭操作

执行结果如图 11-2 所示。

图 11-2　执行结果

11.2.3　类 RandomAccessFile 中的常用方法

在 Java 程序中，类 File 只是针对文件本身进行操作的，如果要对文件内容进行操作，可以使用类 RandomAccessFile 实现。类 RandomAccessFile 属于随机读取类，可以随机读取一个文件中指定位置的数据，假设在文件中保存了以下三组数据：

aaa，30。
bbb，31。
ccc，32。

此时如果使用类 RandomAccessFile 来读取"bbb"信息，就可以跳过"aaa"的信息。这相当于在文件中设置了一个指针，根据此指针的位置进行读取。但是，如果想实现这样的功能，则每个数据的长度应该保持一致。要实现上述功能，必须使用类 RandomAccess 中的几种设置模式，然后在构造方法中传递此模式。

在 Java 程序中，类 RandomAccessFile 中的常用方法如表 11-2 所示。

表 11-2　类 RandomAccessFile 的常用方法

方　法	类型	描　述
public　RandomAccessFile(File　file,String　mode) throws FileNotFoundException	构造	接收类 File 的对象，指定操作路径，但是在设置时需要设置模式，r 为只读；w 为只写；rw 为读写
public RandomAccessFile(String name,String mode) throws FileNotFoundException	构造	不再使用类 File 对象表示文件，而是直接输入了一个固定的文件路径
public void close() throws IOException	普通	关闭操作
public int read(byte[] b) throws IOException	普通	将内容读取到一个 byte 数组中
public final byte readByte() throws IOException	普通	读取一个字节
public final int readInt() throws IOException	普通	从文件中读取整型数据
public void seek(long pos) throws IOException	普通	设置读指针的位置

续表

方　法	类型	描　述
public final void writeBytes(String s) throws IOException	普通	将一个字符串写入到文件中,按字节的方式处理
public final void writeInt(int v) throws IOException	普通	将一个 int 型数据写入到文件中,长度为 4 位
public int skipBytes(int n) throws IOException	普通	指针跳过多少个字节

▌注意▐

当使用 rw 方式声明 RandomAccessFile 对象时,如果要写入的文件不存在,系统会自动创建。

练一练

11-1: 记录 3 名员工的信息(📄源码路径: codes/11/src/RandomAccessT2.java)

11-2: 读取指定文件中的内容(📄源码路径: codes/11/src/Salary.java)

11.3　字节流与字符流：广告词征集活动

扫码看视频

11.3.1　背景介绍

202×年 5 月 21 日,某一线汽车品牌发布 10 万元广告词征集活动公告:公司永续创新、聚力前行! 为了加强品牌与消费者的互动,体现品牌的核心价值,重金向社会广泛征集广告语,翘首企盼各路英才参与! 假设活动负责人 A 负责收集广告词,请尝试用 Java 程序将收集的广告词写入指定文件,然后打印输出文件中的内容,帮助 A 快速掌握活动信息。

11.3.2　具体实现

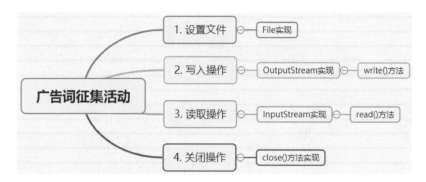

项目 **11-3**　广告词征集活动(📁 源码路径：codes/11/src/WriteRead.java)

本项目的实现文件为 WriteRead.java，具体代码如下所示。

```java
import java.io.File ;
import java.io.FileInputStream;
import java.io.OutputStream ;
import java.io.FileOutputStream ;
import java.io.InputStream;
public class WriteRead{
  public static void main(String args[]) throws Exception{
    File f= new File("H:\\学习资料" + File.separator + "广告词征集.txt");
    OutputStream out = null ;                //准备好一个输出的对象
    out = new FileOutputStream(f);           //通过对象多态性，进行实例化
    String str = "奥迪A4L，值得信赖！" ;       //准备一个字符串
    byte b[] = str.getBytes();               //只能输出 byte 数组，所以将字符串变为 byte 数组
    out.write(b);

    InputStream input = null ;
    input = new FileInputStream(f);
    byte c[] = new byte[1024] ;
    input.read(c);
    System.out.println(new String(c));
    //第4步，关闭输出流
    out.close();
  }
}
```

第 1 步，声明 File 对象，设置要操作的文件

第 2 步，通过 OutputStream 创建写入对象，将变量 str 的内容写入到文件中

第 3 步，通过 InputStream 创建读取对象，将所有的内容都读到此数组 c 中

把 byte 数组变为字符串并打印输出

第 4 步，关闭输出流

执行结果如图 11-3 所示：

图 11-3　执行结果

11.3.3　类 OutputStream(字节流输出)

在 Java 程序中，类 OutputStream 是整个 I/O 包中字节流输出的最大父类，定义此类的格式如下：

public abstract class OutputStream **extends** Object **implements** Closeable, Flushable{}

从以上定义可以发现，类 OutputStream 是一个抽象类，如果要使用此类，首先必须通过子类实例化对象。如果现在要操作的是一个文件，则可以使用类 FileOutputStream，通过向上转型后可以实例化 OutputStream。类 OutputStream 的常用方法如表 11-3 所示。

表 11-3　类 OutputStream 的常用方法

方　法	类型	描　述
public void close() throws IOException	普通	关闭输出流
public void flush() throws IOException	普通	刷新缓冲区
public void write(byte[] b) throws IOException	普通	将一个 byte 数组写入数据流
public void write(byte[] b,int off,int len) throws IOException	普通	将一个指定范围的 byte 数组写入数据流
public abstract void write(int b) throws IOException	普通	将一个字节数据写入数据流

在项目 11-3 中，使用 OutputStream 向记事本文件 "广告词征集.txt" 中写入了广告词。

11.3.4　类 InputStream(字节流输入)

在 Java 程序中，可以通过类 InputStream 从文件中读取内容。与类 OutputStream 一样，类 InputStream 本身也是一个抽象类，必须依靠其子类 FileInputStream 创建实例。类 InputStream 的常用方法如表 11-4 所示。

表 11-4　类 InputStream 的常用方法

方　法	类型	描　述
public int available() throws IOException	普通	可以取得输入文件的大小
public void close() throws IOException	普通	关闭输入流
public abstract int read() throws IOException	普通	读取内容，以数字的方式读取
public int read(byte[] b) throwsIOException	普通	将内容读到 byte 数组中，同时返回读入的个数

练一练

11-3：根据文件的数据量来开辟空间(源码路径：codes/11/src/InputT2.java)

11-4：对 C 语言之父的评价(源码路径：codes/11/src/InputStreamT3.java)

11.3.5　类 Writer(字符流写入文件)

在 Java 语言中，类 Writer 本身是一个字符流的输出类，也是一个抽象类。如果要使用类 Writer，则必须要使用其子类，此时若要向文件中写入内容，应该使用子类 FileWriter。类 Wirter 的常用方法如表 11-5 所示。

表 11-5　类 Writer 的常用方法

方　法	类　型	描　述
public abstract void close() hrows IOException	普通	关闭输出流
public void write(String str) throws IOException	普通	将字符串输出
public void write(char[] cbuf) throws IOException	普通	将字符数组输出
public abstract void flush() throws IOException	普通	强制性清空缓存

注意

类 Writer 与类 OutputStream 的操作流程并没有什么太大的区别，唯一的好处是，可以直接输出字符串，而不用将字符串变为 byte 数组之后再输出。

练一练

11-5：向文件中写入指定字符串(源码路径：codes/11/src/yi.java)

11-6：向文件中写入换行字符串(源码路径：codes/11/src/er.java)

11.3.6 类 Reader(字符流读取文件)

在 Java 程序中，类 Reader 是所有字符流输入类的父类。类 Reader 的常用子类如下：

✦ 类 CharArrayReader：将字符数组转换为字符输入流，从中读取字符。

✦ 类 StringReader：将字符串转换为字符输入流，从中读取字符。

✦ 类 BufferedReader：为其他字符输入流提供读缓冲区。

✦ 类 PipedReader：连接到一个 PipedWriter。

✦ 类 InputStreamReader：将字节输入流转换为字符输入流，可以指定字符编码。

✦ 类 FileReader：从类 InputStreamReader 继承而来，可以按字符读取流中的数据。

类 Reader 有如下两个构造方法：

(1) protected Reader()：创建一个新的字符流读取器。

(2) protected Reader(Object lock)：创建一个新的字符流读取器,其内容将在给定对象 lock 上同步。

在类 Reader 中定义了许多方法，这些方法对所有子类都是有效的。类 Reader 中的大多数方法与前面介绍的 InputStream 类相同，例如 close()、mark() 和 reset() 等，这些方法的用法跟 InputStream 类中的同名方法相同。类 Reader 的常用方法如表 11-6 所示。

表 11-6 类 Reader 的常用方法

方 法	说 明
close()	关闭流并释放与之关联的所有系统资源
mark(int readAheadLimit)	标记流中的当前位置
reset()	重置流。如果流已被标记，则尝试在标记处重新定位。如果未标记流，则尝试以适合特定流的方式重置它，例如将其重新定位到其起点
read()	从输入流中读取一个字符，并把它转换为 0~65535 的整数。如果返回 -1，则表示已经到了输入流的末尾
read(char[] cbuf)	从输入流中读取若干个字符，并把它们保存到参数 cbuf 指定的字符数组中。该方法返回读取的字符数，如果返回 -1，则表示已经到了输入流的末尾
read(char[] cbuf,int off,int len)	从输入流中读取若干个字符，并把它们保存到参数 cbuf 指定的字符数组中。其中 off 用于指定在字符数组中开始保存数据的起始下标，len 用于指定读取的字符数。该方法返回实际读取的字符数，如果返回 -1，则表示已经到了输入流的末尾

11.4 流的相关操作：工资条管理系统

扫码看视频

11.4.1 背景介绍

有人说发工资后只活三天，一天吃好吃的，一天逛街买衣服，后面的日子凑合过。尽管如此，大家都喜欢发工资的日子。某公司财务和出纳正在发工资，将每名员工的工资条信息保存到一个文件中，请使用 Java 程序打印输出工资条的信息。

11.4.2 具体实现

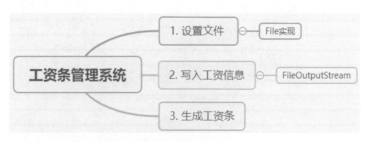

项目 11-4　工资条管理系统(📝源码路径：codes/11/src/Salary.java)

本项目的实现文件为 Salary.java，具体代码如下所示。

```java
import java.io.* ;
public class Salary{
  public static void main(String args[]) throws Exception {
    File f = new File("H:\\学习资料" + File.separator + "工资条.txt");
    Writer out = null;
    out = new OutputStreamWriter(new FileOutputStream(f));
    out.write("工资：80000|奖金：4000|交通补助：2000");
    out.close();
  }
}
```

> 将字节流变为字符流，然后使用 write()方法写入内容

> 生成的工资条

执行结果如图 11-4 所示。

图 11-4　执行结果

11.4.3　转换流

在整个 Java 的 io 包中，除了基本的字节流和字符流之外，还存在一组"字节流-字符流"的转换流类。具体说明如下：

◇　OutputStreamWriter：是 Writer 的子类，将输出的字符流变为字节流，即将一个字符流的输出对象变为字节流的输出对象。

◇　InputStreamReader：是 Reader 的子类，将输入的字节流变为字符流，即将一个字节流的输入对象变为字符流的输入对象。

如果以文件操作为例，内存中的字符数据需要用 OutputStreamWriter 转换为字节流才能保存在文件中，在读取时需要将读入的字节流通过 InputStreamReader 转换为字符流。不管如何操作，最终全部是以字节的形式保存在文件中。

11-9: 向指定文件中写入内容(源码路径: codes/11/src/er1.java)

11-10: 把字符转换为字节存储到缓冲区中(源码路径: codes/11/src/Demo02.java)

11.4.4 内存操作流

本书前面所讲解的输出和输入都是基于文件实现的,也可以将输出的位置设置在内存上,此时就要使用类 ByteArrayInputStream 和类 ByteArrayOutputStream 来完成输入和输出功能。其中,类 ByteArrayInputStream 是将内容写入内存中,而类 ByteArrayOutputStream 是将内存中的数据输出。

在 Java 中,类 ByteArrayInputStream 的主要方法如表 11-7 所示。

表 11-7　类 ByteArrayInputStream 的主要方法

方　法	类　型	描　述
public ByteArrayInputStream(byte[] buf)	构造	将全部内容写入内存中
public ByteArrayInputStream(byte[] buf,int offset, int length)	构造	将指定范围的内容写入内存中

在 Java 中,类 ByteArrayOutputStream 的主要方法如表 11-8 所示。

表 11-8　类 ByteArrayOutputStream 中的主要方法

方　法	类　型	描　述
public ByteArray OutputStream()	构造	创建对象
public void write(int b)	普通	将内容从内存中输出

11-11: 从内存的字节数组中读取数据(源码路径: codes/11/src/yi2.java)

11-12: 输出显示字节数组中的数据(源码路径: codes/11/src/Test09.java)

11.4.5 打印流

在整个 Java 的 io 包中,打印流是输出信息最方便的一个类,主要包括字节打印流(PrintStream)和字符打印流(PrintWriter)。打印流提供了非常方便的打印功能,通过打印流可以打印任何类型的数据,例如小数、整数、字符串等。类 PrintStream 是 OutputStream 的子类,其常用方法如表 11-8 所示。

表 11-8　类 PrintStream 的常用方法

方　　法	类　型	描　　述
public PrintStream(File file) throws FileNotFoundException	构造	通过一个 File 对象实例化类 PrintStream
public PrintStream(OutputStream out)	构造	接收 OutputStream 对象，实例化类 PrintStream
public PrintStream printf(Locale l,String format,Object... args)	普通	根据指定的 Locale 进行格式化输出
public PrintStream printf(String format, Object... args)	普通	根据本地环境格式化输出
public void print(boolean b)	普通	此方法被重载很多次，输出任意数据
public void println(boolean b)	普通	此方法被重载很多次，输出任意数据后换行

练一练

11-13：打印输出指定文件中的内容(源码路径：codes/11/src/PrintT2.java)

11-14：进行格式化输出操作(源码路径：codes/11/src/yi3.java)

第 12 章

使用 Swing 开发 GUI 程序

Swing 是 Java 语言内置的、开发 GUI(图形用户界面)程序的组件技术，Swing 建立在 AWT(Java 最早的图形用户界面库，现在已经被逐渐淘汰)技术之上，一经推出便受到了开发者的欢迎。本章将详细讲解使用 Swing 开发 GUI 程序的知识。

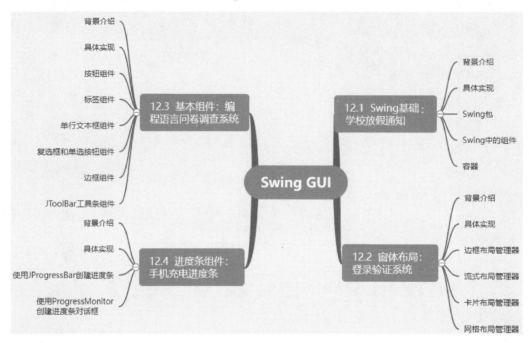

12.1　Swing 基础：学校放假通知

扫码看视频

12.1.1　背景介绍

寒假即将开始，大家都在翘首等待学校发出放假通知。请使用 Java 程序设计一个通知面板，展示放寒假的通知信息。

12.1.2　具体实现

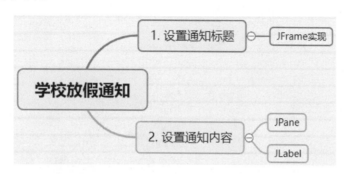

项目 12-1　学校放假通知(源码路径：codes/12/src/JPanelTest.java)

本项目的实现文件为 JPanelTest.java，具体代码如下所示。

```java
import javax.swing.JFrame;
import javax.swing.JLabel;
import javax.swing.JPanel;
import java.awt.*;
public class JPanelTest{
  public static void main(String[] agrs){
    JFrame jf=new JFrame("XX 大学寒假通知");
    jf.setBounds(300, 100, 400, 200);
    JPanel jp=new JPanel();
    JLabel jl=new JLabel("春节假期为 1 月 10 日到 2 月 10 日");
    jp.setBackground(Color.white);
    jp.add(jl);   //将标签添加到面板
    jf.add(jp);   //将面板添加到窗口
    jf.setVisible(true);   //设置窗口可见
  }
}
```

导入需要的 Swing 类库

JFrame 对象设置标题

1.setBounds()设置通知窗口大小和位置
2.JLabel 设置通知内容
3.setBackground()设置背景颜色

执行结果如图 12-1 所示。

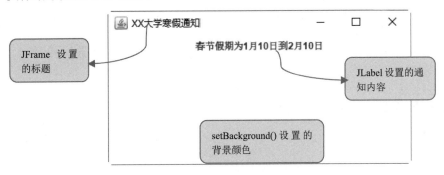

图 12-1　执行结果

12.1.3　Swing 包

Swing 类库由许多包组成，通过这些包中的类相互协作来完成 GUI 设计。其中，javax.swing 包是 Swing 提供的最大包，几乎所有 Swing 组件都在该包中，表 12-1 中列出了常用的 Swing 包。

表 12-1　Swing 常用包

包 名 称	描　　述
javax.swing	提供一组"轻量级"组件，尽量让这些组件在所有平台上的工作方式都相同
javax.swing.border	提供围绕 Swing 组件绘制特殊边框的类和接口
javax.swing.event	提供 Swing 组件触发的事件
javax.swing.filechooser	提供 JFileChooser 组件使用的类和接口
javax.swing.table	提供用于处理 javax.swing.JTable 的类和接口
javax.swing.text	提供类 HTMLEditorKit 和创建 HTML 文本编辑器的支持类
javax.swing.tree	提供处理 javax.swingJTree 的类和接口

在 javax.swing.event 包中定义了事件和事件监听器类，javax.swing.event 包与 AWT 的 event 包类似。Java.awt.event 和 javax.swing.event 都包含事件类和监听器接口，它们分别响应由 AWT 组件和 Swing 组件触发的事件。例如，当在树组件中需要节点扩展(或折叠)通知时，则要实现 Swing 的 TreeExpansionListener 接口，并把一个 TreeExpansionEvent 实例传送给 TreeExpansionListener 接口中定义的方法，而 TreeExpansionListener 和 TreeExpansionEvent 都是在 swing.event 包中定义的。

虽然 Swing 的表格组件(JTable)在 javax.swing 包中，但它的支持类却在 javax.swing.table 包中。表格模型、图形绘制类和编辑器等也都在 javax.swing.table 包中。

与 JTable 类一样，Swing 中的树 JTree(用于按层次组织数据的结构组件)也在 javax.swing 包中，而它的支持类却在 javax.swing.tree 包中。javax.swing.tree 包提供树模型、树节点、树单元编辑类和树绘制类等支持类。

12.1.4　Swing 中的组件

在 Java 程序中，Swing 是 AWT 的扩展，它提供了许多新的图形界面组件。Swing 组件以 "J" 开头，除了拥有与 AWT 类似的按钮(JButton)、标签(JLabel)、复选框(JCheckBox)、菜单(JMenu)等基本组件外，还增加了一个丰富的高层组件集合，如表格(JTable)、树(JTree)。

在 javax.swing 包中定义了两种类型的组件，分别是顶层容器(Jframe、Japplet、JDialog 和 JWindow)和轻量级组件。Swing 组件都是 AWT 的类 Container 的直接子类和间接子类，Swing 组件包是 JFC(Java Foundation Classes)的一部分，它由许多包组成，各个包的具体说明如表 12-2 所示。

表 12-2　Swing 组件包

包	描　述
com.sum.swing.plaf.motif	用户界面代表类，实现 Motif 界面样式
com.sum.java.swing.plaf.windows	用户界面代表类，实现 Windows 界面样式
javax.swing	Swing 组件和使用工具
javax.swing.border	Swing 轻量级组件的边框
javax.swing.colorchooser	JColorChooser 的支持类/接口
javax.swing.event	事件和监听器类
javax.swing.filechooser	JFileChooser 的支持类/接口
javax.swing.pending	未完全实现的 Swing 组件
javax.swing.plaf	抽象类，定义 UI 代表的行为
javax.swing.plaf.basic	实现所有标准界面样式公共功能的基类
javax.swing.plaf.metal	用户界面代表类，实现 Metal 界面样式
javax.swing.table	JTable 组件
javax.swing.text	支持文档的显示和编辑
javax.swing.text.html	支持显示和编辑 HTML 文档
javax.swing.text.html.parser	HTML 文档的分析器
javax.swing.text.rtf	支持显示和编辑 RTF 文件
javax.swing.tree	JTree 组件的支持类
javax.swing.undo	支持取消操作

在现实应用中，将 Swing 组件按照功能来划分，可分为如下几类：

- ❖ 顶层容器：JFrame、JApplet、JDialog 和 JWindow(几乎不会使用)。
- ❖ 中间容器：JPanel、JScrollPane、JSplitPane、JToolBar 等。
- ❖ 特殊容器：在用户界面上具有特殊作用的中间容器，如 JInternalFrame、JRootPane、JLayeredPane 和 JDestopPane 等。
- ❖ 基本组件：实现人机交互的组件，如 JButton、JComboBox、JList、JMenu、JSlider 等。
- ❖ 不可编辑信息的显示组件：向用户显示不可编辑信息的组件，如 JLabel、JProgressBar 和 JToolTip 等。
- ❖ 可编辑信息的显示组件：向用户显示能被编辑的格式化信息的组件，如 JTable、JTextArea 和 JTextField 等。
- ❖ 特殊对话框组件：可以直接产生特殊对话框的组件，如 JColorChoosor 和 JFileChooser 等。

12.1.5　容器

在 Swing 中，任何其他组件都必须位于一个顶层容器中。JFrame 窗口和 JPanel 面板是常用的顶层容器，下面详细介绍这两个容器的使用方法。

1. JFrame 窗口

JFrame 用来设计类似于 Windows 系统中窗口形式的界面。JFrame 是 Swing 组件的顶层容器，该类继承了 AWT 的 Frame 类，支持 Swing 体系结构的高级 GUI 属性。类 JFrame 中的常用构造方法如下：

- ❖ JFrame()：构造一个初始时不可见的新窗体。
- ❖ JFrame(String title)：创建一个具有 title 指定标题的不可见新窗体。

当创建一个类 JFrame 的实例化对象后，其他组件并不能够直接放到容器上面，需要将组件添加至内容窗格，而不是直接添加至 JFrame 对象。演示代码如下：

```
frame.getContentPane().add(b);
```

使用类 JFrame 创建 GUI 界面时，其组件的布局组织如图 12-2 所示。

在图 12-2 中，显示有"大家好"的 Swing 组件需要放到内容窗格的上面，内容窗格再放到 JFrame 顶层容器的上面。菜单栏可以直接放到顶层容器 JFrame 上，而不通过内容窗格。内容窗格是一个透明的没有边框的中间容器。

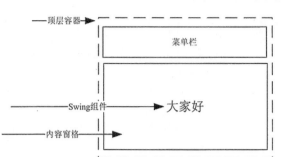

图 12-2　JFrame 窗口组件组织

类 JFrame 中常用的内置方法如表 12-3 所示。

表 12-3　类 JFrame 中常用的内置方法

方　法	说　明
getContentPane()	返回此窗体的 Content Pane 对象。每个 JFrame 都有一个 Content Pane，窗口能显示的所有组件都是添加在这个 Content Pane 中
getDefaultCloseOperation()	返回用户在此窗体上单击"关闭"按钮时执行的操作
setContentPane(Container contentPane)	设置窗体的 Content Pane 的属性，即给窗体添加 contentPane 作为内容面板
setDefaultCloseOperation(int operation)	设置用户在此窗体上单击"关闭"按钮时默认执行的操作
setDefaultLookAndFeelDecorated (boolean defaultLookAndFeelDecorated)	设置 JFrame 窗口使用的 Windows 外观(如边框、关闭窗口的小部件、标题等)
setIconImage(Image image)	设置要作为此窗口图标显示的图像
setJMenuBar(JMenuBar menubar)	设置此窗体的菜单栏
setLayout(LayoutManager manager)	设置使用 manager 布局
setSize(int width,int height)	设置窗体大小
add(Component comp)	向容器中添加组件
setVisible(true/false)	显示或隐藏组件

2. JPanel 面板

JPanel 是一种中间层容器，它能容纳组件并将组件组合在一起，但它本身必须添加到其他容器中使用。类 JPanel 内置的构造方法如下：

　　✧　JPanel()：使用默认的布局管理器创建新面板，默认的布局管理器为 FlowLayout。

　　✧　JPanel(LayoutManagerLayout layout)：创建指定布局管理器的 JPanel 对象。

类 JPanel 中常用的内置方法如表 12-4 所示。

表 12-4 类 JPanel 中常用的内置方法

方 法	说 明
Component add(Component comp)	将指定的组件 comp 追加到当前容器的尾部
void remove(Component comp)	从容器中移除指定的 comp 组件
void setFont(Font f)	设置容器的字体为 f
void setLayout(LayoutManager mgr)	设置容器使用的布局管理器是 mgr
void setBackground(Color c)	设置组件的背景色是 c
void setUI(PanelUI ui)	设置呈现此组件的 UI 外观
void updateUI()	设置使用当前外观中的值重置 UI 属性

练一练

12-1: 显示就地过年的宣传语(源码路径: codes/12/src/JFrameTest.java)

12-2: 控制窗体的加载位置(源码路径: codes/12/src/LoadPosition.java)

12.2 窗体布局：登录验证系统

扫码看视频

12.2.1 背景介绍

平时我们会经常遇到登录的情景，不同的产品也会使用不同的登录验证方式，比如常见的密码、短信验证、拖动滑块验证等，这些功能的设计也是为了保障使用者的安全。无论是哪一种验证方式，都需要在文本框中输入登录信息。请使用 Java 设计一个登录窗体界面，供用户输入用户名、密码等信息。

12.2.2　具体实现

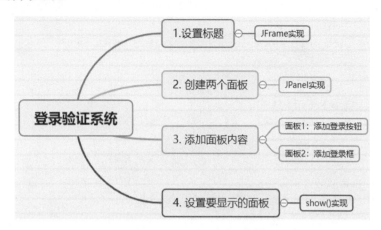

项目 12-2　登录验证系统(源码路径：codes/12/src/CardLayoutTest.java)

本项目的实现文件为 CardLayoutTest.java，具体代码如下所示。

```java
import javax.swing.JButton;
import javax.swing.JFrame;
import javax.swing.JPanel;
import javax.swing.JTextField;
import java.awt.*;
public class CardLayoutTest
{
  public static void main(String[] agrs){
    JFrame frame=new JFrame("卡片布局管理器");          // 设置窗体标题
    JPanel p1=new JPanel(); //面板 1                    使用 JPanel 创建两个面板
    JPanel p2=new JPanel(); //面板 2
    JPanel cards=new JPanel(new CardLayout());      //卡片式布局的面板
    p1.add(new JButton("登录按钮"));
    p1.add(new JButton("注册按钮"));
    p1.add(new JButton("找回密码按钮"));              使用 add()向面板中
    p2.add(new JTextField("用户名",20));             分别添加 3 个按钮
    p2.add(new JTextField("密码",20));              和 3 个文本框
    p2.add(new JTextField("确认密码",20));
    cards.add(p1,"card1");     //将 3 个按钮添加到 card1 面板
    cards.add(p2,"card2");     //将 3 个文本框添加到 card2 面板
    CardLayout cl=(CardLayout)(cards.getLayout());
```

```
cl.show(cards,"card2");
frame.add(cards);
frame.setBounds(300,200,400,200);
frame.setVisible(true);
frame.setDefaultCloseOperation(JFrame.EXIT_ON_CLOSE);
    }
}
```

调用 show()方法设置默认显示 card2 的内容

执行结果如图 12-3 所示。

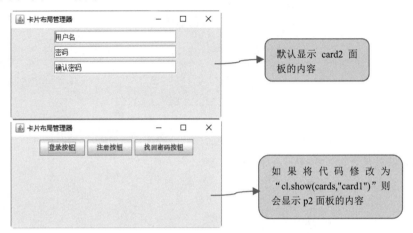

默认显示 card2 面板的内容

如果将代码修改为"cl.show(cards,"card1")"则会显示 p2 面板的内容

图 12-3　执行结果

12.2.3　边框布局管理器

BorderLayout(边框布局管理器)是 Window、JFrame 和 JDialog 的默认布局管理器。边框布局管理器将窗口分为 5 个区域：North、South、East、West 和 Center。其中，North 表示北，将占据面板的上方；South 表示南，将占据面板的下方；East 表示东，将占据面板的右侧；West 表示西，将占据面板的左侧；中间区域 Center 是在东、南、西、北都填满后剩下的区域，如图 12-4 所示。

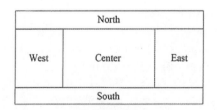

图 12-4　边框布局管理器区域划分示意图

BorderLayout 中的构造方法如下：

◇　BorderLayout()：创建一个 Border 布局，组件之间没有间隙。

◇　BorderLayout(int hgap,int vgap)：创建一个 Border 布局，其中 hgap 表示组件之间的横向间隔；vgap 表示组件之间的纵向间隔，单位是像素。

───┃ 注意 ┃───

　　边框布局管理器并不要求所有区域都必须有组件，如果四周的区域(North、South、East 和 West 区域)没有组件，则由 Center 区域去补充。如果单个区域中添加的不止一个组件，那么后来添加的组件将覆盖原来的组件，所以区域中只显示最后添加的一个组件。

12.2.4　流式布局管理器

　　FlowLayout(流式布局管理器)是 JPanel 和 JApplet 的默认布局管理器。FlowLayout 会将组件按照从上到下、从左到右的放置规律逐行进行定位。与其他布局管理器不同，FlowLayout 不限制它所管理组件的大小，而是允许它们有自己的最佳大小。

　　FlowLayout 中包含如下构造方法：

◇　FlowLayout()：创建一个布局管理器，使用默认的居中对齐方式和默认 5 像素的水平和垂直间隔。

◇　FlowLayout(int align)：创建一个布局管理器，使用默认 5 像素的水平和垂直间隔。其中,align 表示组件的对齐方式,对齐值必须是 FlowLayoutLEFT、FlowLayout.RIGHT 和 FlowLayout.CENTER，指定组件在这一行的位置是居左对齐、居右对齐或居中对齐。

◇　FlowLayout(int align, int hgap,int vgap)：创建一个布局管理器，其中 align 表示组件的对齐方式；hgap 表示组件之间的横向间隔；vgap 表示组件之间的纵向间隔，单位是像素。

───┃ 练一练 ┃───

12-3：将窗体分解成 5 个部分(　源码路径：codes/12/src/BorderTest.java)

12-4：将窗体分割成 5 块不同颜色(　源码路径：codes/12/src/FlowTest.java)

12.2.5　卡片布局管理器

　　CardLayout(卡片布局管理器)能够帮助用户实现多个成员共享同一个显示空间，并且一次只显示一个容器组件的内容。CardLayout 将容器分成许多层，每层的显示空间占据整个容器的大小，但是每层只允许放置一个组件。CardLayout 中包含如下构造方法：

❖ CardLayout()：构造一个新布局，默认间隔为 0。

❖ CardLayout(int hgap, int vgap)：创建布局管理器，并指定组件间的水平间隔(hgap)和垂直间隔(vgap)。

12.2.6 网格布局管理器

GridLayout(网格布局管理器)为组件的放置位置提供了更大的灵活性，它使用纵横线将容器分成 n 行 m 列大小相等的网格，组件按照由左至右、由上而下的次序排列填充到各个单元格中。在 GridLayout 中包含如下构造方法：

❖ GridLayout(int rows,int cols)：创建一个指定行(rows)和列(cols)的网格布局。布局中所有组件的大小一样，组件之间没有间隔。

❖ GridLayout(int rows,int cols,int hgap,int vgap)：创建一个指定行(rows)和列(cols)的网格布局，并且指定组件之间横向(hgap)和纵向(vgap)的间隔，单位是像素。

▌ 注意 ▌

GridLayout 总是忽略组件的最佳大小，根据提供的行和列进行平分。也就是说，GridLayout 布局管理的所有单元格的宽度和高度都是一样的。

🔍 练一练

12-5：实现一个简易计算器界面(📂源码路径：codes/12/src/GridLayoutTest.java)

12-6：将窗体划分为 3 行 3 列(📂源码路径：codes/12/src/BackgroundPanel.java)

12.3 基本组件：编程语言问卷调查系统

扫码看视频

12.3.1　背景介绍

某知名技术社区正在举行"2023 你最爱的编程语言问卷调查"活动，广大网友可以从 C#、C++、Java、Python、PHP、C 中选择一个或多个选项作为自己最喜欢的编程语言，活动截止日期是 12 月 31 日。请使用 Java 设计一个窗体程序，实现问卷调查的 UI 界面功能。

12.3.2　具体实现

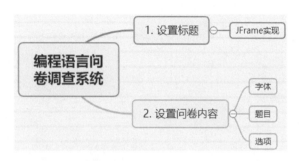

项目 12-3　编程语言问卷调查系统(源码路径：codes/12/src/JcheckBoxTest.java)

本项目的实现文件为 JcheckBoxTest.java，具体代码如下所示。

```java
import java.awt.Font;
import javax.swing.JCheckBox;
import javax.swing.JFrame;
import javax.swing.JLabel;
import javax.swing.JPanel;
public class JcheckBoxTest{
  public static void main(String[] agrs){
    JFrame frame=new JFrame("问卷调查系统");
    JPanel jp=new JPanel();    //创建面板
    JLabel label=new JLabel("XX 社区问卷调查系统，请选择您喜欢的编程语言：");

    label.setFont(new Font("楷体",Font.BOLD,16));
    JCheckBox chkbox1=new JCheckBox("C#", true);
    JCheckBox chkbox2=new JCheckBox("C++");
    JCheckBox chkbox3=new JCheckBox("Java");
    JCheckBox chkbox4=new JCheckBox("Python");
    JCheckBox chkbox5=new JCheckBox("PHP");
    JCheckBox chkbox6=new JCheckBox("C");
```

JFrame 创建窗体标题

问卷题目

设置文本样式，包括字体、大小和加粗

设置 6 个 JCheckBox 复选框，并分别设置选上的内容为 6 种编程语言的名字

```
jp.add(label);
jp.add(chkbox1);
jp.add(chkbox2);
jp.add(chkbox3);
jp.add(chkbox4);
jp.add(chkbox5);
jp.add(chkbox6);
frame.add(jp);
frame.setBounds(300,200,400,100);
frame.setVisible(true);
frame.setDefaultCloseOperation(JFrame.EXIT_ON_CLOSE);
    }
}
```

将设置 6 个 JCheckBox 复选框添加到面板

执行结果如图 12-5 所示。

图 12-5　执行结果

12.3.3　按钮组件

在 Swing 中，按钮组件类 JButton 的常用构造方法如下：

◇　JButton()：创建一个无标签文本、无图标的按钮。

◇　JButton(Icon icon)：创建一个无标签文本、有图标的按钮。

◇　JButton(String text)：创建一个有标签文本、无图标的按钮。

◇　JButton(String text,Icon icon)：创建一个有标签文本、有图标的按钮。

除了上述构造方法外，类 JButton 还包含如下内置方法：

◇　addActionListener(ActionListener listener)：为按钮组件注册 ActionListener 监听。

◇　void setIcon(Icon icon)：设置按钮的默认图标。

◇　void setText(String text)：设置按钮的文本。

◇　void setMargin(Insets m)：设置按钮边框和标签之间的空白。

◇　void setMnemonic(int mnemonic)：设置按钮的键盘快捷键，所设置的快捷键在实际操作时需要结合 Alt 键实现。

◇　void setPressedIcon(Icon icon)：设置按下按钮时的图标。

◇　void setSelectedIcon(Icon icon)：设置选择按钮时的图标。

◇ void setRolloveiicon(Icon icon)：设置鼠标移动到按钮区域时的图标。

◇ void setDisabledIcon(Icon icon)：设置按钮无效状态下的图标。

◇ void setVerticalAlignment(int alig) ：设置图标和文本的垂直对齐方式。

◇ void setHorizontalAlignment(int alig)：设置图标和文本的水平对齐方式。

◇ void setEnable(boolean flag)：启用或禁用按钮。

◇ void setVerticalTextPosition(int textPosition)：设置文本相对于图标的垂直位置。

◇ void setHorizontalTextPosition(int textPosition)：设置文本相对于图标的水平位置。

12.3.4 标签组件

在 Swing 中，标签是一种可以包含文本和图片的非交互组件，其文本可以是单行文本，也可以是 HTML 文本。可以使用类 JLabel 创建只包含文本的标签，该类的主要构造方法如下：

◇ JLabel()：创建无图像并且标题为空字符串的 JLabel。

◇ JLabel(Icon image)：创建具有指定图像的 JLabel。

◇ JLabel(String text)：创建具有指定文本的 JLabel。

◇ JLabel(String textjcon image,int horizontalAlignment)：创建具有指定文本、图像和水平对齐方式的 JLabel，horizontalAlignment 的取值有 3 个，即 JLabel.LEFT、JLabel.RIGHT 和 JLabel.CENTER。

类 JLabel 中常用的内置方法如表 12-5 所示。

表 12-5 类 JLabel 中常用的内置方法

方法名称	说　明
void setText(Stxing text)	定义 JLabel 将要显示的单行文本
void setIcon(Icon image)	定义 JLabel 将要显示的图标
void setIconTextGap(int iconTextGap)	如果 JLabel 同时显示图标和文本，则此属性定义它们之间的间隔
void setHorizontalTextPosition(int textPosition)	设置 JLabel 的文本相对其图像的水平位置
void setHorizontalAlignment(int alignment)	设置标签内容沿 X 轴的对齐方式
int getText()	返回 JLabel 所显示的文本字符串
Icon getIcon()	返回 JLabel 显示的图形图像
Component getLabelFor()	获得将 JLabel 添加到的组件
int getIconTextGap()	返回此标签中显示的文本和图标之间的间隔量
int getHorizontalTextPosition()	返回 JLabel 的文本相对其图像的水平位置
int getHorizontalAlignment()	返回 JLabel 沿 X 轴的对齐方式

📄 练一练

12-7: 使用 JButton 创建不同样式(📄源码路径: codes/12/src/JButtonDemo.java)

12-8: 模拟电影票预订系统(📄源码路径: codes/12/src/JlabelTest.java)

12.3.5 单行文本框组件

在 Swing 中，使用类 JtextField 可以实现一个单行文本框，它允许用户输入单行的文本信息。类 JTextField 包含如下常用的构造方法：

- ✧ JTextField()：创建一个默认的文本框。
- ✧ JTextField(String text)：创建一个指定初始化文本信息的文本框。
- ✧ JTextField(int columns)：创建一个指定列数的文本框。
- ✧ JTextField(String text,int columns)：创建一个既指定初始化文本信息，又指定列数的文本框。

📄 练一练

12-9: 三种样式的文字(📄源码路径: codes/12/src/JtextFieldTest.java)

12-10: 创建会员登录框(📄源码路径: codes/12/src/JPasswordFieldTest.java)

12.3.6 复选框和单选按钮组件

1．复选框

一个复选框有选中和未选中两种状态，并且可以同时选定多个复选框，项目 12-3 便是用复选框来实现的。在 Swing 中，使用类 JCheckBox 实现复选框功能，该类包含如下构造方法：

- ✧ JCheckBox()：创建一个默认的复选框，在默认情况下既未指定文本，也未指定图像，并且未被选择。
- ✧ JCheckBox(String text)：创建一个指定文本的复选框。
- ✧ JCheckBox(String text,boolean selected)：创建一个指定文本和选择状态的复选框。

2．单选按钮

单选按钮与复选框类似，都有两种状态，不同的是一组单选按钮中只能有一个处于选中状态。在 Swing 中，通过类 JRadioButton 实现单选按钮，它与 JCheckBox 一样，都是从 JToggleButton 类派生出来的。JRadioButton 通常位于一个 ButtonGroup 按钮组中，不在按钮组中的 JRadioButton 也就失去了单选按钮的意义。类 JRadioButton 常用构造方法如下：

- ❖ JRadioButton()：创建一个初始化为未选择的单选按钮，其文本未设定。
- ❖ JRadioButton(Icon icon)：创建一个初始化为未选择的单选按钮，其具有指定的图像但无文本。
- ❖ JRadioButton(Icon icon,boolean selected)：创建一个具有指定图像和选择状态的单选按钮，但无文本。
- ❖ JRadioButton(String text)：创建一个具有指定文本但未选择的单选按钮。
- ❖ JRadioButton(String text,boolean selected)：创建一个具有指定文本和选择状态的单选按钮。
- ❖ JRadioButton(String text,Icon icon)：创建一个具有指定的文本和图像并初始化为未选择的单选按钮。
- ❖ JRadioButton(String text,Icon icon,boolean selected)：创建一个具有指定的文本、图像和选择状态的单选按钮。

12.3.7　边框组件

在 Java 开发中，可以调用 JComponent 提供的 setBorder (Border b)方法为 Swing 组件设置边框。Border 是 Swing 提供的一个接口，用于表示组件的边框。接口 Border 有很多实现类，如 LineBorder、MatteBorder 和 BevelBorder 等。这些 Border 实现类都提供了相应的构造器用于创建 Border 对象，一旦获取了 Border 对象，就可以调用 JComponent 的 setBorder (Border b)方法为指定组件设置边框。其中，TitledBorder 和 CompoundBorder 比较独特，具体说明如下：

- ❖ TitledBorder：其作用并不是为其他组件添加边框，而是为其他边框设置标题，当需要创建 TitleBorder 对象时，需要传入一个已经存在的 Border 对象，而新创建的 TitledBorder 对象就是将原有的 Border 对象添加标题。
- ❖ CompoundBorder：用于组合两个边框，因此创建 CompoundBorder 对象时需要传入两个 Border 对象，一个用作组件的内边框，另一个用作组件的外边框。

除此之外，Swing 提供了一个 BorderFactory 静态工厂类，该类提供了大量静态工厂方法用于返回 Border 实例，这些静态方法的参数与各 Border 实现类的构造器参数基本一致。

接口 Border 除了提供 Border 实现类外，还提供了 MetalBorders、ToolBarBorder、MetalBorders 和 TextFieldBorder 等 Border 实现类，这些实现类是 Swing 组件的默认边框，在程序中通常无须使用这些系统边框。在程序中为组件添加边框的步骤如下：

- ❖ 使用 BorderFactory 或者 XxxBorder 创建 XxxBorder 实例。
- ❖ 调用 Swing 组件的 setBorder(Border b)方法为该组件设置边框。

12-11：用边框构建一个矩形区域(📝源码路径：codes/12/src/Notepad.java)

12-12：用边框为窗体布局(📝源码路径：codes/12/src/BorderTest1.java)

12.3.8　JToolBar 工具条组件

在 Swing 中通过类 JToolBar 来创建工具条，在创建 JToolBar 对象时可以指定如下两个参数：

❖　name：该参数指定该工具条的名称。

❖　orientation：该参数指定该工具条的方向。

工具条类 JToolBar 的构造方法如下：

❖　JToolBar()：创建新的工具栏，默认的方向为 HORIZONTAL(水平)。

❖　JToolBar(int orientation) ：创建具有指定 orientation 的新工具栏。

❖　JToolBar(String name) ：创建一个具有指定 name 的新工具栏。

❖　JToolBar(String name,int orientation) ：创建一个具有指定 name 和 orientation 的新工具栏。

类 JToolBar 中的内置方法如下：

❖　JButton add(Action a)：通过 Action 对象为 JToolBar 添加对应的工具按钮。

❖　void addSeparator(Dimension size)：向工具栏的末尾添加指定大小的分隔符，Java 允许不指定 size 参数，则添加一个默认大小的分隔符。

❖　void setFloatable(boolean b)：设置该工具条是浮动的，即该工具条是否可以被拖动。

❖　void setMargin(Insets m) ：设置工具条边框和工具按钮之间的页边距。

❖　void setOrientation(int o) ：设置工具条的方向。

❖　void setRollover(boolean rollover)：设置此工具栏的 rollover 状态。

12-13：模拟记事本工具栏(📝源码路径：codes/12/src/HorizontalTest.java)

12-14：模拟字体选择器菜单(📝源码路径：codes/12/src/FontChooser.java)

12.4　进度条组件：手机充电进度条

扫码看视频

12.4.1　背景介绍

　　舍友 A 买了一部新手机，拿出来跟我们炫耀说："我这手机厉害了，充电 5 分钟，通话两小时。"下床的室友听到了说："这有什么，我看书 2 分钟，玩手机两小时。"请使用 Java 设计一个窗体程序，模拟给手机充电时的进度条效果。

12.4.2　具体实现

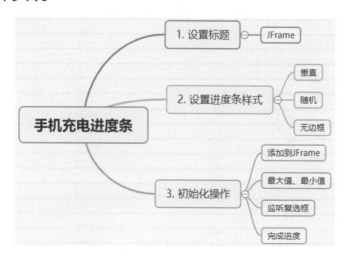

项目 12-4 手机充电进度条（源码路径：codes/12/src/JprogressBarTest.java）

本项目的实现文件为 JprogressBarTest.java，具体代码如下所示。

```java
import java.awt.*;
import javax.swing.*;
import java.awt.event.*;
public class JprogressBarTest{
  JFrame frame = new JFrame("模拟手机充电进度条");
  JProgressBar bar = new JProgressBar(JProgressBar.VERTICAL );
  JCheckBox indeterminate = new JCheckBox("随机进度");
  JCheckBox noBorder = new JCheckBox("无边框");
  public void init(){
     Box box = new Box(BoxLayout.Y_AXIS);
     box.add(indeterminate);
     box.add(noBorder);
     frame.setLayout(new FlowLayout());
     frame.add(box);
     //把进度条添加到 JFrame 窗口中
     frame.add(bar);
     bar.setMinimum(0);
     bar.setMaximum(100);
     bar.setStringPainted(true);
     noBorder.addActionListener(new ActionListener(){
         public void actionPerformed(ActionEvent event){
             bar.setBorderPainted(!noBorder.isSelected());
         }
     });
indeterminate.addActionListener(new ActionListener()
{
        public void actionPerformed(ActionEvent event)
        {
            bar.setIndeterminate(indeterminate.isSelected());
            bar.setStringPainted(!indeterminate.isSelected());
        }
    });

    frame.setDefaultCloseOperation(JFrame.EXIT_ON_CLOSE);
    frame.pack();
    frame.setVisible(true);
```

设置窗体标题

设置进度条样式为垂直，然后设置两个复选框"随机进度"和"无边框"

默认样式为有边框、不随机进度

设置进度条的最大值和最小值

监听复选框"无边框"，根据是否勾选设置是否绘制边框

监听复选框"随机进度"，根据是否勾选设置对应样式

```
for (int i = 0 ; i <= 100 ; i++){
    bar.setValue(i);
    try
    {
        Thread.sleep(100);
    }
    catch (Exception e)
    {
        e.printStackTrace();
    }
}
}
public static void main(String[] args) {
    new JprogressBarTest().init();
}
}
```

使用循环方式来不断改变进度条的完成进度，实现进度显示效果

执行结果如图 12-6 所示。

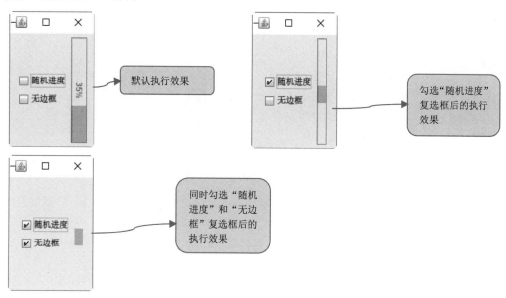

默认执行效果

勾选"随机进度"复选框后的执行效果

同时勾选"随机进度"和"无边框"复选框后的执行效果

图 12-6　执行结果

12.4.3　使用 JProgressBar 创建进度条

在 Java 程序中，使用 JProgressBar 可以非常方便地创建 Eclipse 样式的进度条指示器。

项目 12-4 便是使用 JProgressBar 实现的，JProgressBar 中的构造方法如下：

- ❖ JProgressBar()：创建一个范围在 0~100 的进度条。
- ❖ JProgressBar(BoundedRangeModel brm)：使用指定的 BoundedRangeModel 创建一个水平进度条。
- ❖ JProgressBar(int orientation)：使用指定的方向创建一个进度条块，范围在 0~100。
- ❖ JProgressBar(int min,int max)：使用指定的最小值和最大值创建一个水平进度条，初始值等于最小值加上最大值的平均值。
- ❖ JProgressBar(int min,int max,int value)：使用指定的最小值、最大值和初始值创建一个水平进度条。

除了上述构造方法外，在 JProgressBar 中还包含如下内置方法：

- ❖ getMaximum()：返回进度条的最大值。
- ❖ getMinimum()：返回进度条的最小值。
- ❖ getPercentComplete()：返回进度条的完成百分比。
- ❖ getString()：返回当前进度的 String 表示形式。
- ❖ getValue()：返回进度条的当前 value。
- ❖ setBorderPainted(boolean b)：设置 borderPainted 属性，如果进度条应该绘制边框，则此属性为 true。
- ❖ setIndeterminate(boolean newValue)：设置进度条的 indeterminate 属性，该属性确定进度条处于确定模式中还是处于不确定模式中。
- ❖ setMaximum(int n)：将进度条的最大值设置为 n。
- ❖ setMinimum(int n)：将进度条的最小值设置为 n。
- ❖ setOrientation(int newOrientation)：将进度条的方向设置为 newOrientation。
- ❖ setString(String s)：设置进度字符串的值。
- ❖ setStringPainted(boolean b)：设置 stringPainted 属性的值，该属性确定进度条是否应该呈现进度字符串。
- ❖ setValue(int n)：将进度条的当前值设置为 n。
- ❖ updateUI()：将 UI 属性重置为当前外观对应的值。

12.4.4　使用 ProgressMonitor 创建进度条对话框

在 Java 程序中，使用 ProgressMonitor 的方法和使用 JProgressessBar 的方法非常相似，区别只是 ProgressMonitor 可以直接创建一个进度对话框。ProgressMonitor 提供了构造方法 ProgressMonitor(Component parentComponent, Object message, String note, int min, int max)，

参数 parentComponent 用于设置该进度对话框的父组件，参数 message 设置该进度对话框的描述信息，参数 note 设置该进度对话框的提示文本，参数 min 和 max 分别设置该对话框所包含进度条的最小值和最大值。与普通进度条类似，进度对话框也不能自动监视目标任务的完成进度，程序通过调用进度条对话框的方法 setProgress() 来改变进度条的完成比例(该方法类似于 JProgressBar 的方法 setValue()。

> 练一练
>
> 12-15：实时显示进度的进度条(源码路径：codes/12/src/ProgressBarTest.java)
>
> 12-16：显示进度条的变化(源码路径：codes/12/src/StateChangeBar.java)

第 13 章

Java 多线程

　　如果一个程序在同一时间只能做一件事情，那么这就是一个单线程程序。由于单线程程序需要在上一个任务完成之后才开始下一个任务，效率比较低，很难满足当今互联网应用的实际需求，所以 Java 引入了多线程机制。多线程是指在一定的技术条件下使得同一程序可以同时完成多个任务。本章将详细讲解 Java 多线程的知识。

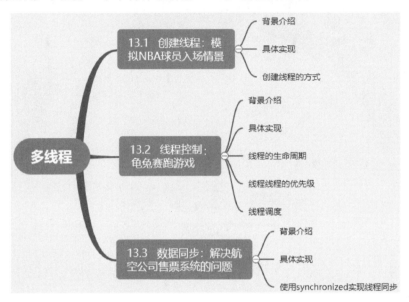

13.1　创建线程：模拟 NBA 球员入场情景

扫码看视频

13.1.1　背景介绍

在最新一期的 NBA 宣传片中，球星通常都以自己的标志性动作或者特点进场，如拉文的空接暴扣，锡安扣碎篮板，贾巴尔指导诺维茨基，等等。老詹也不例外，他标志性的动作就是撒镁粉，无论在骑士、热火还是湖人赛前他都会这么做，这个就算是他的进场仪式吧，提醒自己比赛已经开始了！本项目程序将使用 Java 模拟输出 NBA 球员的入场顺序，初步认识多线程技术的应用。

13.1.2　具体实现

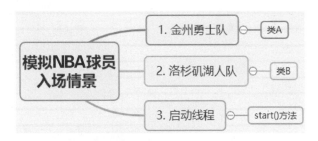

项目 13-1　模拟 NBA 球员入场情景(源码路径：codes/13/src/NBA.java)

本项目的实现文件为 NBA.java，具体代码如下所示。

```java
class A extends Thread {
  public void run() {
    for (int i = 1; i <= 12; i++) {
        System.out.println("金州勇士队的队员"+ i);
      }
    }
}
class B extends Thread {
  public void run() {
    for (int i = 1; i <= 12; i++) {
        System.out.println("洛杉矶湖人队的队员"+ i);
      }
    }
}
public class NBA {
  public static void main(String[] args) {
    System.out.println("NBA 总决赛 Game1 开始：两队球员开始入场……");
```

> 创建继承于类 Thread 的线程类 A，然后使用 for 循环打印输出金州勇士队的出场顺序

> 创建继承于类 Thread 的线程类 B，然后使用 for 循环打印输出洛杉矶湖人队的出场顺序

```
A a=new A();
a.start();
B b=new B();
b.start();
}
}
```

分别创建线程类 A 和 B 的对象实例，然后使用方法 start()启动这两个线程对象

执行结果如下：

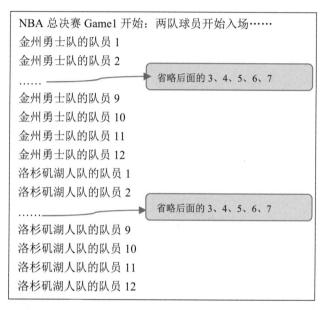

NBA 总决赛 Game1 开始：两队球员开始入场……

金州勇士队的队员 1

金州勇士队的队员 2

……   省略后面的 3、4、5、6、7

金州勇士队的队员 9

金州勇士队的队员 10

金州勇士队的队员 11

金州勇士队的队员 12

洛杉矶湖人队的队员 1

洛杉矶湖人队的队员 2

……   省略后面的 3、4、5、6、7

洛杉矶湖人队的队员 9

洛杉矶湖人队的队员 10

洛杉矶湖人队的队员 11

洛杉矶湖人队的队员 12

13.1.3 创建线程的方式

在 Java 程序中，创建线程的方式主要有三种，继承类 Thread、实现接口 Runnable、实现接口 Callable。

1. 继承类 Thread 创建线程

由于 Java 是一门纯面向对象的编程语言，所以 Java 的线程模型也是面向对象的。Java 通过类 Thread 将线程所必须的功能都封装了起来。要想建立一个线程，必须要有一个线程执行方法，这个线程执行方法和类 Thread 中的内置方法 run()相对应。在类 Thread 中还有一个内置方法 start()，这个方法负责建立线程，当调用 start()方法成功创建线程后，会自动调用 Thread 类的 run()方法运行这个线程。因此，任何继承 Thread 的 Java 类都可以通过类 Thread 中的 start()方法来建立线程。如果想运行自己的线程执行函数，就需要覆盖类 Thread 中的

run()方法。

类 Thread 的构造方法被重载了 8 次，各个构造方法的定义如下：

```
public Thread(){}
public Thread(Runnable target){}
public Thread(String name){}
public Thread(Runnable target, String name){}
public Thread(ThreadGroup group, Runnable target){}
public Thread(ThreadGroup group, String name){ }
public Thread(ThreadGroup group, Runnable target, String name){}
public Thread(ThreadGroup group, Runnable target, String name, long stackSize){}
```

在上述构造方法中，各个参数的具体说明如下：

◇　Runnable target：实现了接口 Runnable 的类的实例。由于 Thread 类也实现了 Runnable 接口，因此从 Thread 类继承的类的实例也可以作为 target 传入这个构造方法。

◇　String name：线程的名字，此名字可以在建立 Thread 实例后通过类 Thread 的 setName 方法设置。如果不设置线程的名字，线程就使用默认的线程名：Thread-N，N 是线程建立的顺序，是一个不重复的正整数。

◇　ThreadGroup group：当前建立的线程所属的线程组。如果不指定线程组，所有的线程都被加到一个默认的线程组中。

◇　 long stackSize：线程栈的大小，这个值一般是 CPU 页面的整数倍。如 x86 的页面大小是 4KB。在 x86 平台下，默认的线程栈大小是 12KB。

在 Java 程序中，即使是一个普通的 Java 类，只要继承类 Thread，就可以成为一个线程类，并且可以通过 Thread 类的 start()方法来执行线程代码。继承类 Thread 创建线程的步骤如下：

◇　创建一个类继承类 Thread，重写 run()方法，将所要完成的任务代码写进 run()方法中。

◇　创建 Thread 类的子类的对象。

◇　调用该对象的 start()方法，该 start()方法表示先开启线程，然后调用 run()方法。

在项目 13-1 中，就是通过继承于类 Thread 的方式实现多线程的。

2. 实现接口 Runnable 创建线程

在 Java 的线程模型中，除了类 Thread 之外，还有一个标识某个 Java 类是否可作为线程类的接口 Runnable，此接口只有一个抽象方法 run()，也就是 Java 线程模型的线程执行方法。因此，一个线程类的唯一标准就是这个类是否实现了 Runnable 接口的 run()方法。也就是说，拥有线程执行方法的类就是线程类。实现 Runnable 接口创建线程的步骤如下：

◇ 创建一个类并实现 Runnable 接口。

◇ 重写 run()方法，将所要完成的任务代码写进 run()方法中。

◇ 创建实现 Runnable 接口的类的对象，将该对象当作类 Thread 的构造方法中的参数传进去。

◇ 使用 Thread 类的构造方法创建一个对象，并调用 start()方法即可运行该线程。

📖 练一练

13-1: 创建两个新的线程(📂源码路径: codes/13/src/CallableTest.java)

13-2: 模拟火箭发射倒计时(📂源码路径: codes/13/src/ThreadDemo1.java)

3. 实现接口 Callable 创建线程

继承类 Thread 创建线程和实现接口 Runnable 创建线程都有一个缺陷，即在执行完任务之后无法获取线程的执行结果，如果想要获取执行结果，就必须通过共享变量或者使用线程通信的方式来实现，这样使用起来就比较麻烦。于是，Java 便提供了 Callable 接口来解决这个问题，该接口内有一个 call()方法，这个方法是线程执行体，有返回值且可以抛出异常。

接口 Callable 不是接口 Runnable 的子接口，不能直接作为类 Thread 构造方法的参数，而且 call()方法有返回值，是被调用者。为此 Java 提供了接口 Future，该接口有一个实现类 FutureTask，该类实现了接口 Runnable，封装了 Callable 对象的 call()方法的返回值，所以该类可以作为参数传入类 Thread 中。在接口 Future 中提供了如下重要的内置方法：

◇ boolean cancel(boolean b)：取消对该任务的执行。

◇ boolean isCancelled()：如果在任务正常完成前成功将其取消，则返回 true。

◇ boolean isDone()：如果任务已完成，则返回 true。

实现接口 Callable 创建线程的步骤如下：

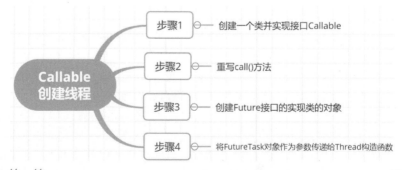

📖 练一练

13-3: 计算 0 到 10000 的和(📂源码路径: codes/13/src/CallableTest.java)

13-4: 用 Callable 创建新的线程(📂源码路径: codes/13/src/Test06.java)

13.2　线程控制：龟兔赛跑游戏

扫码看视频

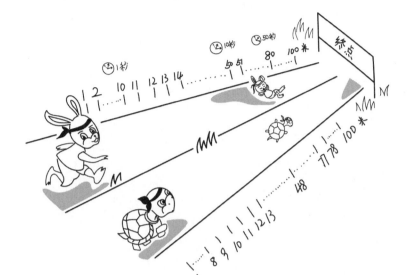

13.2.1　背景介绍

龟兔赛跑是一个家喻户晓的经典故事，现在正在进行龟兔赛跑游戏，游戏规则如下：

- ✧ 龟兔同时起步，每 10 毫秒跑 1 米，全程 100 米，兔子跑步的能力强，乌龟跑步的能力弱。
- ✧ 兔子跑到 10 米的时候，让乌龟 1 毫秒，接着跑。
- ✧ 兔子跑到 50 米的时候，再让龟 10 毫秒，接着跑。
- ✧ 兔子跑到 80 米的时候，睡了 50 毫秒，接着跑。
- ✧ 乌龟全程没有停留。

本项目模拟了龟兔赛跑游戏，通过多线程进行了如下设置：

- ✧ 兔子跑步的能力强，乌龟跑步的能力弱(优先级的设置)。
- ✧ 兔子让乌龟一下，接着跑(sleep()方法)。

13.2.2 具体实现

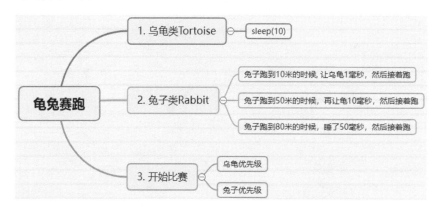

项目 13-2 龟兔赛跑游戏（ 源码路径： codes/13/src/Guitu.java）

本项目的实现文件为 Guitu.java，具体代码如下所示。

```java
class Tortoise implements Runnable{
  public void run() {
    for (int i = 1; i <=100; i++) {
      try {
        Thread.sleep(10);
        System.out.println(Thread.currentThread().getName()+"跑了"+i+"米");
      } catch (Exception e) {
      }
    }
  }
}
```

> 通过 Runnabl 接口创建线程类 Tortoise 表示乌龟，通过 sleep(10)设置乌龟每隔 10 毫秒跑一次，全程一直跑

> 通过 Runnabl 接口创建线程类 Rabbit 表示兔子，通过 sleep(10)设置每隔 10 毫秒打印输出距离

```java
class Rabbit implements Runnable{
  public void run() {
    try {
      for (int i = 1; i <=100; i++) {
        Thread.sleep(10);
        System.out.println(Thread.currentThread().getName()+"跑了"+i+"米");
```

> 兔子跑到 10 米的时候，让乌龟 1 毫秒，然后接着跑

```java
        if(i==10){
          System.out.println("====兔子跑到 10 米的时候，让乌龟 1 毫秒，接着跑====");
          Thread.sleep(1); //休眠，进入阻塞状态
        }
```

兔子跑到 50 米的时候，再让龟 10 毫秒，然后接着跑

```
    if(i==50){
        System.out.println("====兔子跑到 50 米的时候,再让龟 10 毫秒,接着跑====");
        Thread.sleep(10);      //休眠,进入阻塞状态
    }
        if(i==80){      //兔子跑到 80 米的时候,睡了 50 毫秒,接着跑
            System.out.println("====兔子跑到 80 米的时候,睡了 50 毫秒,接着跑====");
            Thread.sleep(50);
        }
    }
    } catch (Exception e) {
        e.printStackTrace();
    }
  }
}
public class Guitu {
    public static void main(String[] args) {
        Thread t1 = new Thread(new Rabbit(),"兔子");
        t1.setPriority(10);      //设置级别
        t1.start();              //启动线程
        Thread t2 = new Thread(new Tortoise(),"乌龟");
        t2.setPriority(1);       //设置级别
        t2.start();              //启动线程
    }
}
```

兔子跑到 80 米的时候，睡了 50 毫秒，然后接着跑

创建兔子线程 t1 并启动

创建乌龟线程 t2 并启动

执行结果如下：

```
兔子跑了1米
乌龟跑了1米
兔子跑了2米
......
乌龟跑了8米
兔子跑了10米
============兔子跑到10米的时候,让乌龟1毫秒,接着跑============
乌龟跑了9米
兔子跑了11米
乌龟跑了10米
乌龟跑了11米
兔子跑了12米
```

```
兔子跑了13米
乌龟跑了12米
兔子跑了14米
乌龟跑了13米
……
兔子跑了50米
============兔子跑到50米的时候，再让龟10毫秒,接着跑============
乌龟跑了48米
兔子跑了51米
……
兔子跑了80米
============兔子跑到80米的时候，睡了50毫秒,接着跑============
乌龟跑了77米
乌龟跑了78米
…….
兔子跑了100米
乌龟跑了100米
```

13.2.3　线程的生命周期

　　线程是一个动态执行的过程，它也有一个从产生到死亡的过程，这个过程称为线程的生命周期。在一个生命周期中，包含如下 5 种状态：

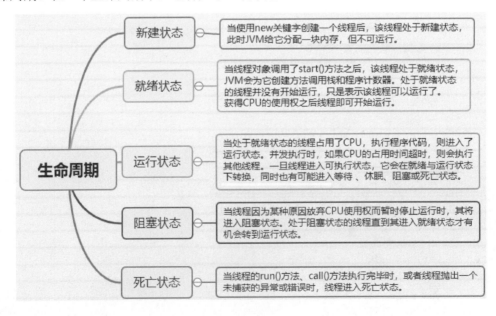

13.2.4　线程的优先级

在 Java 中，处于就绪状态的线程会根据它们的优先级存放在可运行池中，优先级高的线程运行的机会比较多，优先级低的线程运行机会比较少。一个线程的优先级设置遵从以下原则：

- ✧　在一个线程中开启另外一个新线程，则新开线程称为该线程的子线程，子线程初始优先级与父线程相同。
- ✧　线程创建后，可通过调用类 Thread 的 setPriority() 方法改变优先级，而 getPriority() 方法用于获取线程的优先级。
- ✧　线程的优先级是 1～10 之间的正整数，用类 Thread 中的静态常量来表示，具体如下：
  - ➢　static int MAX_PRIORITY：取值为 10，表示最高优先级。
  - ➢　static int NORM_PRIORITY：取值为 5，表示默认优先级。
  - ➢　static int MIN_PRIORITY：取值为 1，表示最低优先级。

13.2.5　线程调度

前面我们学习了线程并了解了线程创建及生命周期，那么计算机又是如何调度这些线程，进而让它们有序工作的呢？本节就来解读这个问题。

1. 线程休眠

在 Java 程序中，一旦线程开始执行 run() 方法，就会一直到这个 run() 方法执行完成这个线程才退出。但是，类 Thread 提供了 sleep() 方法，该方法可使正在执行的线程进入阻塞状态，也叫线程休眠，休眠时间内该线程不运行，休眠时间结束后线程才继续运行。在实际开发中，如果想让优先级低的线程抢占 CPU 资源，就需要调用 sleep() 方法，让正在执行的线程暂停一段固定的时间，使线程让出 CPU 资源，进而让优先级低的线程有机会运行。

2. 线程让步

线程让步可以通过 yield() 方法来实现，该方法是类 Thread 提供的，它和 sleep () 方法有点相似，都可以让当前正在运行的线程暂停，区别在于 yield() 方法不会阻塞该线程，它只是将线程转换成就绪状态，让系统的调度器重新调度一次。当某个线程调用 yield () 方法之后，只有与当前线程优先级相同或者更高的线程才能获得执行的机会。

📖🔍 练一练

13-5：实现线程让步(📄源码路径：codes/13/src/san.java)

13-6：统计线程的运行时间(📄源码路径：codes/13/src/MyThread.java)

3. 线程插队

类 Thread 提供了一个 join()方法，该方法可以实现线程"插队"的功能。当某个线程执行中调用其他线程的 join()方法时，线程被阻塞，直到 join()方法所调用的线程结束。

4. 线程终止

在 Java 程序中，可以通过如下三种方法终止线程：

◇　使用退出标志使线程正常退出，也就是当 run()方法完成后线程终止。当执行 run()方法完毕后，线程就会退出。但是，有时 run()方法是永远不会结束的，如在服务端程序中使用线程进行监听客户端请求，或是其他的需要循环处理的任务。在这种情况下，一般是将这些任务放在一个循环中，如 while 循环。如果想让循环永远运行下去，可以使用 while(true){...}来处理。但要想使 while 循环在某一特定条件下退出，最直接的方法就是设一个 boolean 类型的标志，并通过设置这个标志为 true或 false 来控制 while 循环是否退出。

◇　使用 stop()方法强行终止线程(这个方法不推荐使用，已经被 Java 淘汰，因为 stop()和 suspend()、resume()一样，也可能发生不可预料的结果)。

◇　使用 interrupt()方法中断线程。在 Java 程序中使用 interrupt()方法终止线程时，可以分为如下两种情况：

> 线程处于阻塞状态，如使用了 sleep()方法。

> 使用 while(!isInterrupted()){...}来判断线程是否被中断。

在上述第一种情况下使用 interrupt()方法，sleep()方法将抛出一个 InterruptedException异常，而在上述第二种情况下线程将直接退出。

📖　**练一练**

13-7: 用 interrupt 方法终止线程(📄源码路径: codes/13/src/ThreadFla.java)

13-8: 电梯超重报警系统(📄源码路径: codes/13/src/Elevator.java)

13.3 数据同步：解决航空公司售票系统的问题

扫码看视频

13.3.1　背景介绍

某航空公司正在开发一款新的在线售票系统，但是遇到了"一票多卖"的问题，问题代码如下：

实例 13-1 航空公司售票系统的问题代码(📄源码路径：codes/13/src/PlaneTicket.java)

问题文件 PlaneTicket.java 的具体代码如下所示。

```java
public class PlaneTicket implements Runnable {
    int num = 10;                                //设置当前总票数
    public void run() {
        while (true) {                           //设置无限循环
            if (num > 0) {                       //判断当前票数是否大于0
                try {
                    Thread.sleep(100);           //使当前线程休眠100毫秒
                } catch (Exception e) {
                    e.printStackTrace();
                }
                //票数减1
                System.out.println(Thread.currentThread().getName() + "—票数" + num--);
            }
        }
    }
    public static void main(String[] args) {
        PlaneTicket t = new PlaneTicket();       //实例化类对象t
        Thread tA = new Thread(t, "线程一");      //实例化第1个线程
        Thread tB = new Thread(t, "线程二");      //实例化第2个线程
        Thread tC = new Thread(t, "线程三");      //实例化第3个线程
        Thread tD = new Thread(t, "线程四");      //实例化第4个线程
        tA.start();                              //启动线程tA
        tB.start();                              //启动线程tB
        tC.start();                              //启动线程tC
        tD.start();                              /启动线程tD
    }
}
```

执行结果如下：

```
线程一——票数 10
线程三——票数 9
线程四——票数 8
线程二——票数 7
线程二——票数 6
线程一——票数 6
线程四——票数 5
线程三——票数 4
线程一——票数 3
线程二——票数 3
线程四——票数 3
线程三——票数 2
线程二——票数 1
线程四——票数 1
线程一——票数 1
线程三——票数 0
```

通过执行结果可知，出现了同一张票多次售卖的问题，这便是因为线程不同步所带来的问题！

13.3.2　具体实现

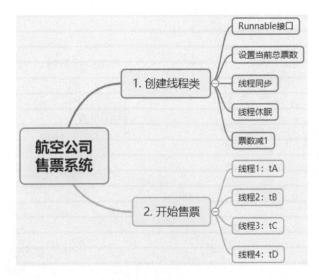

项目 13-3 解决航空公司售票系统的问题(源码路径: codes/13/src/PlaneTicket1.java)

本项目的实现文件为 PlaneTicket1.java，具体代码如下所示。

```java
public class PlaneTicket1 implements Runnable {
    int num = 10;                                          //设置当前总票数 WEI 10
    public void run() {
        while (true) {                          //设置无限循环
            synchronized (this) {
                if (num > 0) {
                    try {
                        Thread.sleep(100);          //Synchronized 线程同步，判断当
                                                    //前票数是否大于 0，大于 0 则休
                                                    //眠 100 毫秒
                    } catch (Exception e) {
                        e.printStackTrace();
                    }
                }
                System.out.println(Thread.currentThread().getName() +
                    "—机票数" + num--);          //线程同步后，售票一次票数减 1
            }
        }
    }
    public static void main(String[] args) {
        PlaneTicket1 t = new PlaneTicket1();        //实例化类对象
        // 以该类对象分别实例化 4 个线程
        Thread tA = new Thread(t, "线程一");
        Thread tB = new Thread(t, "线程二");
        Thread tC = new Thread(t, "线程三");
        Thread tD = new Thread(t, "线程四");          //创建 4 个售票线程并运
        tA.start();  //启动 4 个线程 tA                //行这 4 个线程
        tB.start();  //启动 4 个线程 tB
        tC.start();  //启动 4 个线程 tC
        tD.start();  //启动 4 个线程 tD
    }
}
```

执行结果如下：

```
线程一——机票数 10
线程四——机票数 9
线程四——机票数 8
线程二——机票数 7
线程三——机票数 6
线程二——机票数 5
线程四——机票数 4
线程一——机票数 3
线程四——机票数 2
线程二——机票数 1
```

13.3.3　使用 synchronized 实现线程同步

通过实例 13-1 可以看到，当多个线程访问同一资源时，如果都对资源进行修改或更新操作，就容易引发线程安全问题。为了解决这种问题，Java 提供了线程同步机制，进而保证了任意时刻都只能有一个线程访问资源数据。Java 的线程同步机制是通过关键字 synchronized 来实现的，该关键字可以用来修饰一个代码块，也可以用来修饰方法，被 synchronized 修饰的代码块称为同步代码块，被 synchronized 修饰的方法称为同步方法。在项目 13-3 中，便成功使用 synchronized 实现了线程同步。

(1) 同步代码块

在 Java 程序中，当多个线程使用同一个共享资源时，可以将处理共享资源的代码放置在一个使用 synchronized 关键字来修饰的代码块中，这个代码块就称为同步代码块，其语法格式如下：

```
synchronized(obj){
    ……//要同步的代码块
}
```

这里的 obj 是一个锁对象，可以是开发人员定义的任意一个对象，它是同步代码块的关键元素。Java 中的每个对象都内置一个同步锁，当线程运行到 synchronized 同步代码块时，就会获得当前执行的代码块中的同步锁。如果一个线程获得该锁，其他线程就无法再次获得这个对象的同步锁，直到第一个线程释放锁。所谓释放锁，具体是指线程退出了 synchronized 代码块。讲得更直白点，就是当线程执行同步代码块时，会先检查同步监视器的标志位，默认情况下标志位为 1，标志位为 1 时线程会执行同步代码块，同时将标志位改为 0；当第 2 个线程执行同步代码块前，先检查标志位，如果检查到标志位为 0，第 2 个线程就会进入阻塞状态；当第 1 个线程执行完同步代码块内的代码时，标志位重新改为 1，第 2 个线程进入同步代码块。显然，使用同步代码块可以很好地解决线程安全问题。

▌ 注意 ▌

在使用 synchronized 块时应注意，synchronized 块只能使用对象作为它的参数。如果是简单类型的变量(如 int、char、boolean 等)，不能使用 synchronized 来同步。

---

(2) 同步方法

除同步代码块外，Java 还提供了同步方法，使用同步方法同样可以解决线程安全的问题。所谓同步方法，就是用 synchronized 关键字修饰的方法，定义语法格式如下：

修饰符 synchronized 返回值类型 方法名(参数列表) { }

当某个对象调用了同步方法时，该对象上的其他同步方法必须等待该同步方法执行完毕才能被执行。在多线程中使用同步方法的途径有两种：第一种是将每个能访问共享资源的方法定义为方法，然后在 run()方法中调用该同步方法；第二种是直接将 run()方法定义为同步方法，语法格式如下：

```
public synchronized void run(){
}
```

▌ 练一练

13-9：解决银行存款问题(源码路径：codes/13/src/SynchronizedBank.java)
13-10：实时显示直播间的人数(源码路径：codes/13/src/SleepingThread.java)

第 14 章

Java 数据库编程

数据库是组织、存储和管理数据的仓库，可以用于存储计算机软件系统中需要用到的数据信息。通过对数据库的添加、修改和删除等操作，可以开发出功能强大的动态软件程序。例如，在一个在线商城系统中，展示的商品信息被保存在数据库中，如果想删除或修改商城中的某种商品，只需删除或修改数据库中的这款产品的信息即可。Java 语言通过 JDBC 建立和数据库的连接，然后借助于 SQL 对数据库中的数据信息进行操作。本章将详细讲解 Java 数据库开发的知识。

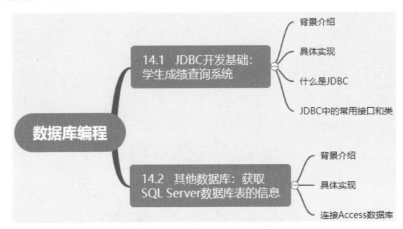

14.1　JDBC 开发基础：学生成绩查询系统

扫码看视频

14.1.1　背景介绍

某高校为了提高教师的办公效率，决定上线运营 OA 软件系统，将学生的资料信息、成绩信息、考勤信息保存到 MySQL 数据库中，然后实现无纸化办公效果。在开发这款 OA 系统的过程中，学校安排 Java 语言老师 A 开发 OA 系统中的学生成绩模块，能够查询数据库中语文成绩最高的 3 名学生的信息。

14.1.2　具体实现

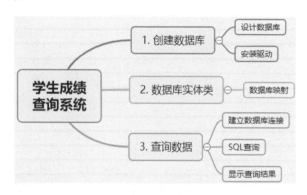

项目 14-1 学生成绩查询系统(源码路径：codes/14/src/MySQLConn.java)

本项目的实现文件为 MySQLConn.java，具体实现步骤如下所示。

(1) 创建数据库。在 MySQL 中创建数据库 db_database18，然后创建数据库表 tb_student，表中保存的数据信息如图 14-1 所示。

			id	name	sex	className △ 1	math	english	chinese
□	✐编辑 ¾ 复制 ● 删除		1	李雪	女	五年级二班	89	92	83
□	✐编辑 ¾ 复制 ● 删除		3	陈玉	男	五年级三班	94	81	90
□	✐编辑 ¾ 复制 ● 删除		5	陈童	男	五年级三班	85	84	82
□	✐编辑 ¾ 复制 ● 删除		4	刘秀	男	五年级五班	80	90	86
□	✐编辑 ¾ 复制 ● 删除		2	王梅	女	五年级一班	88	98	86
□	✐编辑 ¾ 复制 ● 删除		6	赵四	男	五年级一班	87	88	95

图 14-1　数据库表 tb_student 中的数据信息

(2) 下载 MySQL 驱动。MySQL 的 JDBC 驱动可以登录 MySQL 官方网站(通常是 https://dev.mysql.com/downloads/connector/j/)下载。下载驱动完成后将其解压，找到里面的 ".jar" 格式文件。

(3) 将 MySQL 驱动加载到 Eclipse。在现实应用中，绝大多数开发者使用 Eclipse 或 MyEclipse 等 IDE 工具来开发 Java 程序，Eclipse 和 MyEclipse 的驱动配置是一样的，下面以 Eclipse 为例进行配置，其具体操作方法如下：

◇ 启动 Eclipse，选择下载的驱动文件，右击，在弹出的菜单项中选择 Copy 命令，然后在 Eclipse 中选择需要的项目，如图 14-2 所示。

◇ 选择加载的驱动，右击，在弹出的快捷菜单中依次选择 Build Path | Add to Build Path 命令，将 MySQL 驱动加载到当前项目中，如图 14-3 所示。

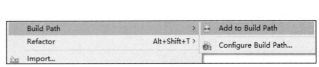

图 14-2　复制并粘贴 MySQL 驱动　　　　　　图 14-3　选择命令

(4) 编写实例文件 Student.java 实现实体类，实体类的主要职责是存储和管理系统内部和数据库相关的信息。代码如下：

```
public class Student {
  private int id;
  private String name;
  private String className;
  private String sex;
  public String getSex() {
    return sex;
  }
  public void setSex(String sex) {
    this.sex = sex;
  }

  private float math;
```

和数据库表中的 sex 列相对应

```
private float english;
private float chinese;
public int getId() {
   return id;
}
public void setId(int id) {
   this.id = id;
}
```

和数据库表中的 id 列相对应

```
public String getName() {
   return name;
}
public void setName(String name) {
   this.name = name;
}
```

和数据库表中的 name 列相对应

```
public String getClassName() {
   return className;
}
public void setClassName(String className){
   this.className = className;
}
```

和数据库表中的 className 列相对应

```
public float getMath() {
   return math;
}
public void setMath(float math) {
   this.math = math;
}
```

和数据库表中的 math 列相对应

```
public float getEnglish() {
   return english;
}
public void setEnglish(float english){
   this.english = english;
}
```

和数据库表中的 english 列相对应

```
public float getChinese() {
   return chinese;
}
public void setChinese(float chinese) {
   this.chinese = chinese;
}
}
```

和数据库表中的 chinese 列相对应

通过上述实体类代码，建立了实体类方法和数据库表 tb_student 中每一个字段的映射，便于开发者使用 Java 操作数据库中的信息。

(5) 编写实例文件 MySQLConn.java，建立和 MySQL 数据库的连接，并查询数据库 tb_student 中 chinese 最高的 3 条信息。代码如下：

```java
import java.sql.*;
import java.util.ArrayList;
import java.util.List;
public class MySQLConn {
  Connection conn = null;
  public Connection getConnection() {
    try {
      conn =DriverManager.getConnection("jdbc:mysql://localhost/db_database18?" +
          "user=root&password=66688888&useSSL=false&serverTimezone=GMT");
    } catch (Exception e) {
      e.printStackTrace();
    }
    return conn;
  }
public List<Student> getOrderDesc() {
  List<Student> list = new ArrayList<Student>(); // 定义用于保存返回值的 List 集合
  conn = getConnection(); // 获取数据库连接
  try {
    Statement staement = conn.createStatement();
    String sql = "select * from tb_student order by chinese  desc limit 0,3";

    ResultSet set = staement.executeQuery(sql); // 执行查询语句返回查询结果集
    while (set.next()) {
      Student student = new Student();
      student.setId(set.getInt(1));
      student.setName(set.getString("name"));
      student.setSex(set.getString("sex"));
      student.setClassName(set.getString("className"));
      student.setChinese(set.getFloat("chinese"));
      list.add(student);
    }
  } catch (Exception e) {
    e.printStackTrace();
  }
}
```

建立和数据库的连接，如果出错则打印异常信息

定义按指定条件降序查询数据方法

定义查询数据表中前 3 条记录的 SQL 语句

使用 while 循环获取数据库中的列信息

```
    return list;
}

  public static void main(String[] args) {
    MySQLConn mySqlConn = new MySQLConn();
    List<Student> list = mySqlConn.getOrderDesc();
    System.out.println("查询语文成绩排在前 3 名的同学：");
    for(int i = 0;i<list.size();i++){
        Student student = list.get(i);
        System.out.println("编号为："+student.getId()+",
            姓名："+student.getName()+"，性别："+student.getSex()+",
            语文成绩： "+student.getChinese());
    }
  }
}
```

> 使用 MySQLConn()建立数据库连接，然后打印输出查询结果

执行结果如下：

```
查询语文成绩排在前 3 名的同学：
编号为：6，姓名：赵四，性别：男，语文成绩：95.0
编号为：3，姓名：陈玉，性别：男，语文成绩：90.0
编号为：2，姓名：王梅，性别：女，语文成绩：86.0
```

14.1.3　什么是 JDBC

在学习 JDBC 之前，需要先了解什么是数据库和 SQL 语句：

❖　数据库：是"按照数据结构来组织、存储和管理数据的仓库"，是一个长期存储在计算机内的、有组织的、可共享的、统一管理的大量数据的集合。目前，市面上比较流行的关系型数据库包括 Access、MySQL、Oracle 和 SQL Server 等。

❖　SQL 语句：对数据库进行操作的一种语言，例如向数据库中存储数据，查询、更新和管理数据库中的信息。

Java 程序如果想要操作数据库，就需要借助于 JDBC 实现。JDBC 是 Java Database Connectivity 的缩写，即 Java 数据库编程接口。在 JDBC API 中提供了一组标准的接口和类，通过使用这些接口和类，Java 程序可以访问各种不同类型的数据库，并可以使用 SQL 语句来完成对数据库的添加、查询、更新和删除等操作。对于开发者而言，JDBC 提供了 API，开发时不需要关注实现接口的细节，直接调用即可。

目前，市场上数据库产品的种类众多，例如 Oracle、MySQL 和 Microsoft SQL Server 等。不同的数据库产品，使用 Java 连接数据库的代码也会不同。为了方便开发者针对不同的

数据库产品开发 Java 数据库程序,各个数据库厂商各自提供了相应的数据库驱动,如图 14-4 所示。

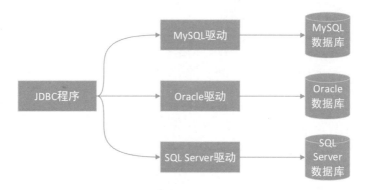

图 14-4　厂商驱动连接数据库

从图 14-4 可以看出,如果在 Java 程序中使用的是 MySQL 数据库,只要安装 MySQL 官方提供的驱动程序,JDBC 可以不用关注具体的连接过程,直接编写对 MySQL 数据库进行操作的程序。对于 Oracle 数据库和 SQL Server 数据库,也同样如此。一般情况下,有以下两种连接数据库的方式:

  ◇ 安装相应厂商的数据库驱动:开发者需要去各个数据库厂商提供的官网连接下载驱动包。

  ◇ 使用 JDBC-ODBC 桥驱动器:在 Windows 系统中预先设定一个 ODBC(Open Database Connectivity,开放数据库互联)功能,由 ODBC 去连接特定的数据库,JDBC 只需要连接 ODBC 就可以。通过 ODBC 可以连接到它支持的任意一种数据库,这种连接方式叫 JDBC-ODBC 桥,使用这种方法让 Java 连接到数据库的驱动程序称为 JDBC-ODBC 桥驱动器。

上面介绍的两种数据库连接方式,JDBC-ODBC 桥连接比较简单,不用下载安装数据库驱动。但是 JDBC-ODBC 只能支持 Windows 下的数据库连接,可移植性较差。因此,本书建议尽量直接使用数据库厂商驱动的方式,这样程序的可移植性比较好。下面开始针对这种方式进行讲解。

使用厂商驱动连接数据库的基本流程如下:

(1) 到相应的数据库厂商网站下载驱动,或者从 maven 官网下载驱动包,然后将下载的驱动包复制到项目中。以 MySQL 数据库为例,可从 Maven 网站下载 MySQL 驱动包 (https://mvnrepository.com/)。如图 14-5 所示。

(2) 单击 Quill JDBC 连接,在弹出的页面中找到适合自己的 MySQL 驱动,例如作者下载的版本号为 8.0.29,图 14-6 所示。

图 14-5　登录 maven 官网找到 Quill JDBC

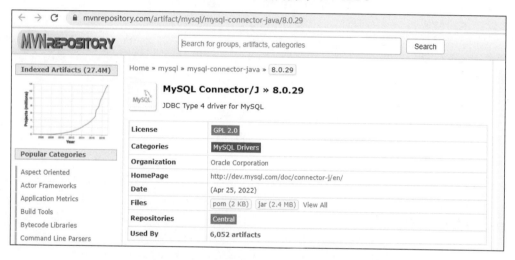

图 14-6　选择指定版本的 jar 包进行下载

（3）单击图 14-6 中的 jar (2.4 MB)连接开始下载，下载成功后保存到本地"C:\Users\apple\Downloads" 路径中，如图 14-7 所示。

图 14-7　jar 存放的位置

(4) 在 JDBC 代码中设定特定的驱动程序名称、URL、数据库账号和密码。不同的驱动程序和不同的数据库，应该采用不同的驱动程序名称、URL、数据库账号和密码。

14.1.4 JDBC 中的常用接口和类

在 Java 程序中，JDBC 为开发者提供了独立于数据库的统一 API 来执行 SQL 命令，JDBC API 由以下常用的接口和类组成。

1. 接口 Driver

在 JDBC 技术中，Java.sql.Driver 接口是所有 JDBC 驱动程序需要实现的接口。这个接口是提供给数据库厂商使用的，不同数据库厂商提供不同的实现。在程序中不需要直接去访问实现了 Driver 接口的类，而是由驱动程序管理器类(java.sql.DriverManager)去调用这些 Driver 实现。

2. 类 DriverManager

DriverManager 是用于管理 JDBC 驱动的服务类，在程序中使用该类的主要功能是获取 Connection 对象。类 DriverManager 中的常用内置方法如表 14-1 所示。

表 14-1 类 DriverManager 中的常用内置方法

方 法	说 明
static void deregisterDriver(Driver driver)	从已注册驱动程序列表中删除指定的驱动程序
static Connection getConnection(String url)	建立到给定 URL 数据库的连接
static Connection getConnection(String url, Properties info)	尝试建立到给定 URL 和 info 数据库的连接，其中参数 info 作为连接参数的任意字符串标签/值对列表，通常至少应包含"用户名"和"密码"属性
static Connection getConnection(String url, String user, String password)	尝试建立到给定 URL、用户名和密码的数据库连接
static int getLoginTimeout()	获取驱动程序在尝试登录数据库时可以等待的最长时间(以秒为单位)
static void registerDriver(Driver driver)	将指定的驱动程序注册到 DriverManager
static void setLoginTimeout(int seconds)	设置识别驱动程序后尝试连接数据库时驱动程序将等待的最长时间(以秒为单位)

3. 接口 Connection

Connection 代表数据库连接对象，每个 Connection 代表一个物理连接会话。要想访问数据库，必须先获得数据库的连接。接口 Connection 中的常用方法如表 14-2 所示。

表 14-2　接口 Connection 中的常用方法

方　法	说　明
void abort(Executor executor)	终止打开的连接
void clearWarnings()	清除为此 Connection 对象报告的所有警告
void close()	立即释放此 Connection 对象的数据库和 JDBC 资源，而不是等待它们自动释放
void commit()	提交事务操作
Statement createStatement()	创建 Statement 用于将 SQL 语句发送到数据库的对象
Statement createStatement(int resultSetType, int resultSetConcurrency)	创建一个 Statement 对象，该对象将生成 ResultSet 具有给定类型和并发性的对象
Statement createStatement(int resultSetType, int resultSetConcurrency, int resultSetHoldability)	创建一个 Statement 对象，该对象将生成 ResultSet 具有给定类型、并发性和可保持性的对象
boolean getAutoCommit()	检索此 Connection 对象的当前自动提交模式
DatabaseMetaData getMetaData()	检索一个 DatabaseMetaData 对象，该对象包含有关此 Connection 对象表示连接的数据库的元数据
int getNetworkTimeout()	检索驱动程序等待数据库请求完成的毫秒数
boolean isClosed()	检索此 Connection 对象是否已关闭
boolean isReadOnly()	检索此 Connection 对象是否处于只读模式
boolean isValid(int timeout)	如果连接尚未关闭并且仍然有效，则返回 true
CallableStatement prepareCall(String sql)	创建一个 CallableStatement 用于调用数据库存储过程的对象
void rollback()	回滚事务，撤销在当前事务中所做的所有更改并释放此对象
void setClientInfo(Properties properties)	设置连接的客户端信息属性的值
void setClientInfo(String name, String value)	将 name 指定的客户端信息属性的值设置为 value 指定的值
void setReadOnly(boolean readOnly)	将此连接置于只读模式，作为对驱动程序启用数据库优化的提示
void setTransactionIsolation(int level)	尝试将此 Connection 对象的事务隔离级别更改为给定的级别

4．接口 Statement

Statement 是用于执行 SQL 语句的工具接口，该对象既可以用于执行 DDL 和 DCL 语句，也可以用于执行 DML 语句，还可以用于执行 SQL 查询。当执行 SQL 查询时，返回查询到的结果集。在接口 Statement 中的常用方法如表 14-3 所示。

表 14-3　接口 Statement 中的常用方法

方　法	说　明
void addBatch(String sql)	将给定的 SQL 命令添加到此 Statement 对象的当前命令列表中
void close()	立即释放此 Statement 对象的数据库和 JDBC 资源，而不是等待它自动关闭时发生
boolean execute(String sql)	执行给定的 SQL 语句，该语句可能返回多个结果
boolean execute(String sql, int autoGeneratedKeys)	执行给定的 SQL 语句，该语句可能返回多个结果
boolean executeQuery(String sql)	执行给定的 SQL 语句，该语句返回单个 ResultSet 对象
boolean executeUpdate(String sql)	执行给定的 SQL 语句，它可以是 INSERT、UPDATE 或 DELETE 语句或不返回任何内容的 SQL 语句，例如 SQL DDL 语句
Connection getConnection()	检索 Connection 产生此对象的 Statement 对象
default long getLargeMaxRows()	ResultSet 检索此对象生成的 Statement 对象可以包含的最大行数
getLargeUpdateCount()	检索当前结果作为更新计数；如果结果是一个 ResultSet 对象或没有更多结果，则返回 -1
default long getMaxRows()	检索此对象生成的 Statement 对象可以包含的最大行数
int getUpdateCount()	检索当前结果作为更新数量，如果结果是一个 ResultSet 对象或没有更多结果，则返回 -1

5．接口 PreparedStatement

这是一个预编译的 Statement 对象。PreparedStatement 是 Statement 的子接口，它允许数据库预编译 SQL(这些 SQL 语句通常带有参数)语句，以后每次只改变 SQL 命令的参数，避免数据库每次都需要编译 SQL 语句，因此性能更好。和 Statement 相比，使用 PreparedStatement 执行 SQL 语句时，无须重新传入 SQL 语句，因为它已经预编译了 SQL 语句。但 PreparedStatement 需要为预编译的 SQL 语句传入参数值，所以 PreparedStatement 比 Statement 多了方法 void setXxx(int parameterIndex，Xxx value)，该方法根据传入参数值的类型不同，需要使用不同的方法。传入的值根据索引传给 SQL 语句中指定位置的参数。

接口 PreparedStatement 中的常用内置方法如表 14-4 所示。

表 14-4　接口 PreparedStatement 中的常用内置方法

方　　法	说　　明
boolean execute()	执行此 PreparedStatement 对象中的 SQL 语句，可以是任何类型的 SQL 语句
default long executeLargeUpdate()	执行此 PreparedStatement 对象中的 SQL 语句，该语句必须是 SQL 数据操作语言(DML)语句，例如 INSERT,UPDATE 或 DELETE；或不返回任何内容的 SQL 语句，例如 DDL 语句
ResultSet executeQuery()	执行指定的 SQL 查询语句,并返回查询结果(ResultSet 生成的对象)
int executeUpdate()	执行此 PreparedStatement 对象中的 SQL 语句，该语句必须是 SQL 数据操作语言(DML)语句，例如 INSERT,UPDATE 或 DELETE；或不返回任何内容的 SQL 语句，例如 DDL 语句

6．接口 CallableStatement

接口 CallableStatement 是接口 Statement 的子接口，用于操作处理存储过程。在使用时需要先创建一个 CallableStatement 对象，该对象包含对存储过程的调用以及执行。接口 CallableStatement 中的常用方法如表 14-5 所示。

表 14-5　接口 CallableStatement 中的常用方法

方　　法	说　　明
int getInt(int parameterIndex)	按照索引获取指定的过程的返回值
int getInt(String parameterName)	按照名称获取指定的过程的返回值
void registerOutParameter(int parameterIndex, int sqlType)	设置返回值的类型，需要指定 Types 类
String getString(int parameterIndex)	按照索引获取指定的过程的返回值
String getString(String parameterName)	按照名称获取指定的过程的返回值

CallableStatement 对象为所有的数据库系统提供了一种标准的形式去调用数据库中已存在的存储过程，调用存储过程的语法格式如下：

```
{ call 存储过程名(?, ?, ...)}
```

7．接口 ResultSet

接口 ResultSet 表示数据库结果集的数据表，通常通过执行查询数据库的语句生成。一个 ResultSet 对象维护一个指向其当前数据行的游标，最初，游标位于第一行之前。可以使用 next()方法将光标移动到下一行，可以使用 while 循环遍历结果集。在接口 ResultSet 中的常用方法如表 14-6 所示。

表 14-6　接口 ResultSet 中的常用方法

方　法	说　明
void close()throws SQLException	释放 ResultSet 对象
boolean absolute(int row)	将结果集的记录指针移动到第 row 行，如果 row 是负数，则移动到倒数第几行。如果移动后的记录指针指向一条有效记录，则该方法返回 true
void beforeFirst()	将 ResultSet 的记录指针定位到首行之前，这是 ResultSet 结果集记录指针的初始状态；记录指针的起始位置位于第一行之前
boolean first()	将 ResultSet 的记录指针定位到首行。如果移动后的记录指针指向一条有效记录，则该方法返回 true
boolean previous()	将 ResultSet 的记录指针定位到上一行。如果移动后的记录指针指向一条有效记录，则该方法返回 true
boolean next()	将 ResultSet 的记录指针定位到下一行，如果移动后的记录指针指向一条有效记录，则该方法返回 true
boolean last()	将 ResultSet 的记录指针定位到最后一行，如果移动后的记录指针指向一条有效记录，则该方法返回 true
void afterLast()	将 ResultSet 的记录指针定位到最后一行之后

14.2　其他数据库：获取 SQL Server 数据库表的信息

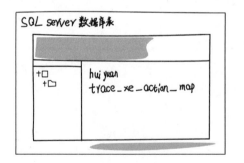

扫码看视频

14.2.1　背景介绍

某市直机关为了提高员工的办公效率，决定上线运营 OA 软件系统，将市民的资料信息存到 SQL Server 数据库中，最终实现无纸化办公。在开发这款 OA 系统的过程中，程序员 A 负责开发 OA 系统中的设置模块，能够查询数据库中的表信息。

14.2.2　具体实现

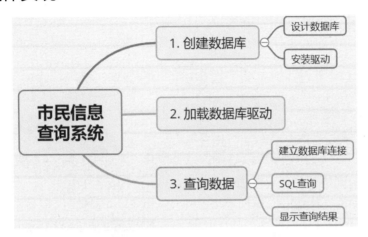

项目 14-2　　市民信息查询系统(源码路径：codes/14/src/GetTables.java)

本项目的具体实现步骤如下所示。

(1) 登录微软的官方网站 https://www.microsoft.com/en-us/download/details.aspx?id=11774，单击右边的 Download 按钮，如图 14-8 所示。

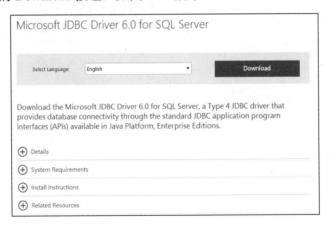

图 14-8　JDBC 驱动下载页面

(2) 在新界面勾选 enu\sqljdbc_6.0.8112.100_enu.tar.gz 复选框，然后单击右下角的 Next 按钮，如图 14-9 所示。

图 14-9　下载 sqljdbc_6.0.8112.100_enu.tar.gz

（3）在弹出的新界面中会下载驱动文件 sqljdbc_6.0.8112.100_enu.tar.gz，接下来解压缩这个文件，将里面的文件 sqljdbc42.jar 添加到 Eclipse 的 Java 项目中，具体方法是：在 Eclipse 中右击 sqljdbc42.jar，在弹出的菜单命令中依次选择 Build Path | Add to Build Path 命令，将此驱动文件加载到项目中，如图 14-10 所示。

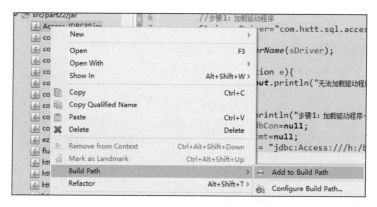

图 14-10　加载驱动文件 sqljdbc42.jar 到项目

（4）编写程序文件 GetTables.java，代码如下：

```java
import java.sql.Connection;
import java.sql.DatabaseMetaData;
import java.sql.DriverManager;
import java.sql.ResultSet;
import java.sql.SQLException;
public class GetTables {
```

```
    static Connection conn = null;
//获取数据库连接
    public static Connection getConn() {
        try {
            Class.forName("com.microsoft.sqlserver.jdbc.SQLServerDriver");
        } catch (ClassNotFoundException e) {
            e.printStackTrace();
        }
        String url = "jdbc:sqlserver://127.0.0.1:1433;DatabaseName=display";
        // 连接数据库 URL
        String userName = "sa";          // 连接数据库的用户名
        String passWord = "66688888"; // 连接数据库密码
        try {
            conn = DriverManager.getConnection(url, userName, passWord);
            // 获取数据库连接
            if (conn != null) {
                System.out.println("连接失败！");
            }
        } catch (SQLException e) {
            e.printStackTrace();
        }
        return conn;        // 返回 Connection 对象
    }
    public static ResultSet GetRs() {
        try {
            String[] tableType = { "TABLE" };   //指定要进行查询的表类型
            Connection conn = getConn();        //调用与数据库建立连接方法
            DatabaseMetaData databaseMetaData = conn.getMetaData();
            // 获取 DatabaseMetaData 实例
            ResultSet resultSet = databaseMetaData.getTables(null, null, "%",tableType);
            //获取数据库中所有数据表集合
            return resultSet;
        } catch (SQLException e) {
            System.out.println("记录数量获取失败！");
            return null;
        }
    }
    public static void main(String[] args) {
        ResultSet rst = GetRs();
```

加载数据库驱动

建立和数据库的连接

```
System.out.println("数据库中的表有: ");
try {
    while (rst.next()) { // 遍历集合
        String tableName = rst.getString("TABLE_NAME");
        System.out.println(tableName);
    }
} catch (SQLException e) {
    e.printStackTrace();
}
}
}
```

遍历输出数据库中表名称

执行结果如下:

```
数据库中的表有:
huiyuan
trace_xe_action_map
```

14.2.3 连接 Access 数据库

Access 是微软 Office 工具中的一种数据库管理程序,可赋予更佳的用户体验,并且新增了导入、导出和处理 XML 数据文件等功能。Microsoft Access 是一种关系式数据库,由一系列表组成。表又由一系列行和列组成,每一行是一个记录,每一列是一个字段,每个字段有一个字段名,字段名在一个表中不能重复。

在 JDK 1.6 以前的版本中,JDK 都内置了 Access 数据库的连接驱动。但是在 JDK1.8 中不再包含 Access 桥接驱动,开发者需要单独下载 Access 驱动 jar 包(Access_JDBC30.jar),而 JDK1.1 到 JDK1.6,包括 JDK1.9 都是自带 Access 驱动,不需要单独下载。下面将以 Access 2020 为例,介绍 Java 连接本机 Access 数据库的过程。

(1) 在本机 H 盘的根目录中创建一个名为"book.accdb"的 Access 数据库,数据库的设计视图如图 14-11 所示。

图 14-11　Access 数据库的设计视图

　　(2) 将下载的 Access 驱动文件 Access_JDBC30.jar 放到 JDK 安装路径的 lib 目录中，修改本地机器的环境变量值，在环境变量 CLASSPATH 的值中加上这个 jar 包，将路径设置为驱动包的绝对路径，例如保存到 C:\ProgramFiles\Java\jre1.9.0_01\lib\Access_JDBC30.jar 目录，添加完后需要重启电脑，然后就可以连接了。

　　(3) 可以将下载的 Access 驱动文件 Access_JDBC30.jar 放到项目文件中，然后在 Eclipse 中右击 Access_JDBC30.jar，在弹出的菜单中依次选择 Build Path | Add to Build Path 命令，将此驱动文件加载到项目中，如图 14-12 所示。

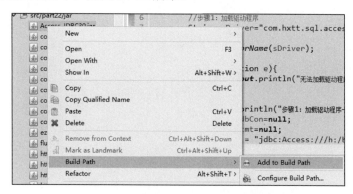

图 14-12　加载 Access 驱动文件到项目

第 15 章

开发网络应用程序

　　互联网改变了人们的生活方式，人们早已习惯了网络快速传播信息带来的好处。Java作为一门面向对象的高级语言，通过内置的包可以开发出功能强大的网络程序，而且其在网络通信方面的优点特别突出，要远远领先其他编程语言。本章将详细讲解 Java 网络开发的知识。

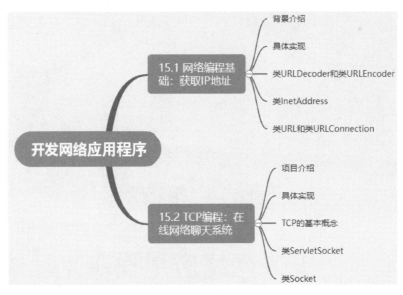

15.1　网络编程基础：获取 IP 地址

扫码看视频

15.1.1　背景介绍

在现实生活中，网络聊天软件比较常见，人们通过聊天软件可以方便及时地交流信息。常见的网络聊天软件有 QQ、微信等。某公司为了提高各位员工的办公效率，准备开发一款聊天软件，要求在发送聊天信息时显示对应的 IP 地址，这样可以顺便监控员工的考勤情况。

15.1.2　具体实现

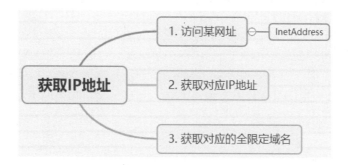

项目 15-1　获取指定的 IP 地址(源码路径：codes/15/src/InetAddressTest.java)

本项目的实现文件为 InetAddressTest.java，具体代码如下所示。

```java
import java.net.*;
public class InetAddressTest{
  public static void main(String[] args)                根据主机名来获取对应的实例
    throws Exception{
    InetAddress ip = InetAddress.getByName("www.baidu.com");
    System.out.println("同事A：你好B，网络不行啊，你试试能访问百度吗？"
      + ip.isReachable(2000));  //判断是否可达
    System.out.println(ip.getHostAddress());              获取百度的 IP 地址
    InetAddress local = InetAddress.getByAddress(new byte[]
    {127,0,0,1});
    System.out.println("同事B：可以啊！" + local.isReachable(5000));
    System.out.println(local.getCanonicalHostName());
        //获取该实例对应的全限定域名
  }
}
```

执行结果如下:

> 同事 A: 你好 B, 网络不行啊, 你试试能访问百度吗? true
>
> 110.242.68.3
>
> 同事 B: 可以啊! true
>
> 127.0.0.1

15.1.3　类 URLDecoder 和类 URLEncoder

URL 是 Uniform Resource Locator 的缩写, 意为统一资源定位器, 它是指向互联网"资源"的指针。资源可以是简单的文件或目录, 也可以是对更为复杂的对象引用, 例如对数据库或搜索引擎的查询。简单地说, 在 WWW 上, 每一信息资源都有统一的且在网上唯一的地址, 该地址就叫 URL。URL 一般由协议名、主机、端口和资源组成, 具体格式如下:

```
protocol ://hostname[:port]/path/[:parameters][?query]#fragment
```

上述格式中, 带方括号[]的为可选项。例如, 下面就是一个 URL 地址:

```
http://www.163.com
```

谈到 URL 地址, 就不得不提一种叫 application/x-www-form-urlencoded MIME 的字符串。当 URL 地址中包含非西欧字符的字符串(如中文)时, 系统就会将这些非西欧字符串转换成 application/x-www-form-urlencoded MIME 字符串。例如, 当我们在百度搜索引擎中搜索"零基础案例学"时, 浏览器网址栏就会出现一串看似乱码的内容, 如图 15-1 所示, 这就是 application/x-www-form-urlencoded MIME 字符串。

图 15-1　application/x-www-form-urlencoded MIME 字符串

在包 java.net 中, 提供了类 URLDecoder 和类 URLEncoder, 这两个类提供了普通字符串和 application/x-www-form-urlencoded MIME 字符串相互转换的静态方法, 具体如下:

　◇　类 URLDecoder: 提供一个 decode(String s,String enc)静态方法, 它可以将 application/x-www-form-urlencoded MIME 字符串转换成普通字符串。

◇ 类 URLEncoder：提供一个 encode(String s,String enc)静态方法，它可以将普通字符串转换成 application/x-www-form-urlencoded MIME 字符串。

15.1.4 类 InetAddress

在 Java 程序中，使用类 InetAddress 表示 IP 地址，在类 InetAddress 中还有如下两个子类：

◇ Inet4Address：代表 Internet Protocol version 4(IPv4，具有 32 位 4 字节的地址长度)地址。

◇ Inet6Address：代表 Internet Protocol version 6(IPv6，具有 128 位 16 字节的地址长度)地址，因为 IPv6 可以容纳更多的 IP 地址，所以在将来会取代 IPv4。

在类 InetAddress 中没有提供对应的构造器，而是提供了如下两个静态方法来获取 InetAddress 实例：

◇ getByName(String host)：根据主机获取对应的 InetAddress 对象，其中 host 可以是 IP 地址，也可以是域名。

◇ getByAddress(byte[] addr)：根据原始 IP 地址来获取对应的 InetAddress 对象。

方法是 Java 类的核心，虽然很多类没有构造方法，但是通过它们提供的内置方法可以实现对应的功能。在类 InetAddress 中，可以通过如下三个方法来获取 InetAddress 实例对应的 IP 地址和主机名：

◇ String getCanonicalHostName()：获取此 IP 地址的全限定域名。

◇ String getHostAddress()：返回 InetAddress 实例对应的 IP 地址字符串(以字符串形式)。

◇ String getHostName()：获取此 IP 地址的主机名。

另外，在类 InetAddress 中还包含了如下重要方法：

◇ getLocalHost()：获取本机 IP 地址对应的 InetAddress 实例。

◇ isReachable(int timeout)：测试是否可以到达目标地址。

15.1.5 类 URL 和类 URLConnection

在包 java.net 中，通过类 URL 和类 URLConnection 提供了以编程方式访问 Web 服务的功能。

1. 类 URL

Java 提供了类 URL，该类提供了多个构造器用于创建 URL 对象，一旦获得了 URL 对象，就可以调用如下方法来访问 URL 对象对应的资源：

- ✧ String getFile()：获取 URL 对象的资源名。
- ✧ String getHost()：获取 URL 对象的主机名。
- ✧ String getPath()：获取 URL 对象的路径部分。
- ✧ int getPort()：获取 URL 对象的端口号。
- ✧ String getProtocol()：获取 URL 对象的协议名称。
- ✧ String getQuery()：获取 URL 对象的查询字符串部分。
- ✧ URLConnection openConnection()：返回一个 URLConnection 对象，它表示到 URL 所引用的远程对象的连接。
- ✧ InputStream openStream()：打开与 URL 对象的连接，并返回一个用于读取 URL 对象资源的 InputStream。

▌注意▐

在 Java 中提供了一个类 URI(Uniform Resource Identifiers)，其实例代表一个统一资源标识符。Java 的类 URI 不能用于定位任何资源，它的唯一作用就是解析。在类 URL 中包含一个可打开到达该资源的输入流，因此可以将类 URL 理解成类 URI 的特例。

2. 类 URLConnection

在 Java 程序中创建一个和指定 URL 地址的连接后，可以进一步发送请求并读取 URL 对象引用的资源。在 java.net 包中，专门定义了 URLConnection 类来表示与 URL 建立的通信连接，URLConnection 类的对象使用 URL 类的 openConnection()方法获得。在建立和远程资源的实际连接之前，需要设置请求头字段，类 URLConnection 提供了如下方法来满足这一需求：

- ✧ setAllowUserInteraction()：设置类 URLConnection 的 allowUserInteraction 请求头字段的值。
- ✧ setDoInput()：设置类 URLConnection 的 doInput 请求头字段的值。
- ✧ setDoOutput()：设置类 URLConnection 的 doOutput 请求头字段的值。
- ✧ setIfModifiedSince()：设置类 URLConnection 的 ifModifiedSince 请求头字段的值。
- ✧ setUseCaches()：设置类 URLConnection 的 useCaches 请求头字段的值。

除此之外，类 URLConnection 还提供如下方法来设置或增加通用头字段：

- ✧ setRequestProperty(String key, String value)：设置类 URLConnection 的 key 请求头字段的值为 value。
- ✧ addRequestProperty(String key, String value)：向 URLConnection 请求中的特定 key 请求头字段增加一个值为 value 的键值对。这个方法并不会替换原有请求头字段的值，而是将新值追加到原有请求头字段的末尾。

当发现远程资源可以使用后，可以使用类 URLConnection 提供的如下方法访问头字段和内容：

- ❖ Object getContent()：获取类 URLConnection 的内容。
- ❖ String getHeaderField(String name)：获取指定响应头字段的值。
- ❖ getInputStream()：返回类 URLConnection 对应的输入流，用于获取类 URL 连接的内容。
- ❖ getOutputStream()：返回类 URLConnection 对应的输出流，用于向 URLConnection 发送请求参数。
- ❖ getHeaderField：根据响应头字段来返回对应的值。

📖 练一练

15-1：网络素材图片下载系统(🔧源码路径：codes/15/src/Download.java)

15-2：提取 URL 协议名称(🔧源码路径：codes/15/src/URLDemo1.java)

15.2 TCP 编程：在线网络聊天系统

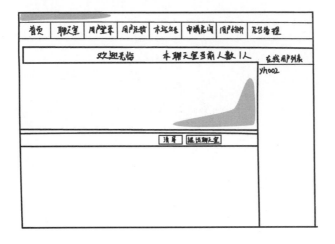

扫码看视频

15.2.1 项目介绍

本项目实现了一个聊天室程序，在服务器端应该包含多条线程，其中每个 Socket 对应一条线程，该线程负责读取 Socket 对应输入流的数据(从客户端发送过来的数据)，并将读到的数据向每个 Socket 输出流发送一遍(将一个客户端发送的数据"广播"给其他客户端)，因此需要在服务器端使用 List 来保存所有的 Socket。

在具体实现时，为服务器端提供了如下两个类：

◇ IServer：负责 ServerSocket 监听的主类。

◇ Serverxian：处理每个 Socket 通信的线程类。

本应用的每个客户端应该包含两条线程：

◇ 客户端主程序 IClient：负责读取 Socket 对应输入流中的数据(从服务器发送过来的数据)，并将这些数据打印输出。

◇ 客户端的线程处理程序 Clientxian：负责读取用户的键盘输入，并将用户输入的数据写入 Socket 对应的输出流中。

15.2.2　具体实现

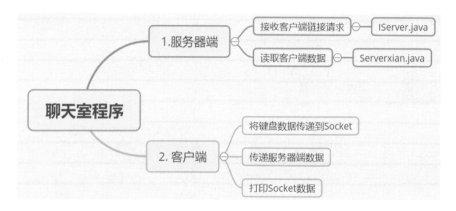

项目 15-2　在线网络聊天系统(　源码路径：codes/15/src/liao)

本项目的实现文件为 liao.java，具体代码如下所示。

(1) 编写实例文件 IServer.java，创建一个 ServerSocket 对象实例 ss。代码如下：

```
package liao.server;
import java.net.*;
import java.io.*;
import java.util.*;
public class IServer{
  //定义保存所有 Socket 的 ArrayList
  public static ArrayList<Socket> socketList = new ArrayList<Socket>();
  public static void main(String[] args) throws IOException {
    ServerSocket ss = new ServerSocket(30000);
    while(true)
    {
```

> 服务器端的功能是接收客户端 Socket 的连接请求，每当客户端 Socket 连接到该 ServerSocket 之后，程序将对应 Socket 加入 socketList 集合中保存，并为该 Socket 启动一条 Serverxian 线程，该线程负责处理该 Socket 所有的通信任务

```
                //此行代码会阻塞，将一直等待别人的连接
                Socket s = ss.accept();
                socketList.add(s);
                //每当客户端连接后启动一条 ServerThread 线程为该客户端服务
                new Thread(new Serverxian(s)).start();
        }
    }
}
```

(2) 编写服务器端线程类文件 Serverxian.java，代码如下：

```
package liao.server;
import java.io.BufferedReader;
import java.io.IOException;
import java.io.InputStreamReader;
import java.io.PrintStream;
import java.net.Socket;
//负责处理每个线程通信的线程类
public class Serverxian implements Runnable {
    //定义当前线程所处理的 Socket
    Socket s = null;
    //该线程所处理的 Socket 对应的输入流
    BufferedReader br = null;
    public Serverxian(Socket s) throws IOException{
        this.s = s;
        //初始化该 Socket 对应的输入流
        br = new BufferedReader(new InputStreamReader(s.getInputStream()));
    }
    public void run()
    {
        try
        {
            String content = null;
            //采用循环不断从 Socket 中读取客户端发送过来的数据
            while ((content = readFromClient()) != null)
            {
                //遍历 socketList 中的每个 Socket，
                //将读到的内容向每个 Socket 发送一次
                for (Socket s : IServer.socketList)
                {
                    PrintStream ps = new PrintStream(s.getOutputStream());
```

> 服务器端线程类会不断读取客户端数据，在获取时使用方法 readFromClient() 来读取客户端数据。如果读取数据过程中捕获到 IOException 异常，则说明此 Socket 对应的客户端 Socket 出现了问题，程序就会将此 Socket 从 socketList 中删除

```
                    ps.println(content);
                }
            }
        }
        catch (IOException e)
        {
            //e.printStackTrace();
        }
    }
    //定义读取客户端数据的方法
    private String readFromClient()
    {
        try
        {
            return br.readLine();
        }
        //如果捕捉到异常，表明该 Socket 对应的客户端已经关闭
        catch (IOException e)
        {
            //删除该 Socket。
            IServer.socketList.remove(s);
        }
        return null;
    }
}
```

> 当服务器线程读到客户端数据之后会遍历整个 socketList 集合，并将该数据向 socketList 集合中的每个 Socket 发送一次，该服务器线程将把从 Socket 中读到的数据向 socketList 中的每个 Socket 转发一次

(3) 编写客户端主程序文件 IClient.java，代码如下：

```
package liao.client;
import java.net.*;
import java.io.*;
public class IClient{
    public static void main(String[] args) throws IOException
    {
        Socket s = s = new Socket("127.0.0.1" , 30000);
        //客户端启动 Clientxian 线程不断读取来自服务器的数据
        new Thread(new Clientxian(s)).start();
        //获取该 Socket 对应的输出流
        PrintStream ps = new PrintStream(s.getOutputStream());
        String line = null;
        //不断读取键盘输入
```

> 当线程读到用户键盘输入的内容后，会将用户键盘输入的内容写入该 Socket 对应的输出流。当主线程使用 Socket 链接到服务器之后，会启动了 Clientxian 来处理该线程的 Socket 通信

```
BufferedReader br = new BufferedReader(new InputStreamReader(System.in));
while ((line = br.readLine()) != null)
{
    //将用户的键盘输入内容写入 Socket 对应的输出流
    ps.println(line);
}
}
}
```

(4) 编写客户端的线程处理文件 Clientxian.java，此线程负责读取 Socket 输入流中的内容，并将这些内容在控制台打印出来。代码如下：

```java
package liao.client;
import java.io.BufferedReader;
import java.io.IOException;
import java.io.InputStreamReader;
import java.net.Socket;
public class Clientxian implements Runnable{
    //该线程负责处理的 Socket
    private Socket s;
    //该线程所处理的 Socket 对应的输入流
    BufferedReader br = null;
    public Clientxian(Socket s) throws IOException{
        this.s = s;
        br = new BufferedReader(
            new InputStreamReader(s.getInputStream()));
    }
    public void run()
    {
        try
        {
            String content = null;
            //不断读取 Socket 输入流中的内容，并将这些内容打印输出
            while ((content = br.readLine()) != null)
            {
                System.out.println(content);
            }
        }
        catch (Exception e)
        {
            e.printStackTrace();
```

```
        }
    }
}
```

上述代码能够不断获取 Socket 输入流中的内容，当获取 Socket 输入流中的内容后，直接将这些内容打印在控制台。先运行上面程序中的类 IServer，该类运行后作为本应用的服务器，不会看到任何输出。接着可以运行多个 IClient——相当于启动多个聊天室客户端登录该服务器，此时可以看到在任何一个客户端通过键盘输入一些内容后按 Enter 键，将可看到所有客户端(包括自己)都会在控制台收到刚刚输入的内容，这就简单实现了一个聊天室的功能。例如在客户端输入下面的内容：

你好啊，很高兴认识你！

会在服务器端接收到刚刚输入的内容：

192.168.0.1：你好啊，很高兴认识你！

15.2.3 TCP 的基本概念

TCP(Transmission Control Protocol 的缩写，传输控制协议)是一种端对端的网络传输协议，是一种面向连接的、可靠的、基于字节流的传输层通信协议。TCP 分别在通信的两端创建一个 Socket，形成可以进行通信的虚拟链路。TCP 通信严格区分客户端与服务器端，在通信时，必须先由客户端去连接服务器端才能实现通信，服务器端不可以主动连接客户端，如果客户端没有发送连接请求，接收端将一直处于等待状态。

与 TCP 相对应，还有一种常用的通信协议 UDP(User Datagram Protocol 的缩写，用户数据报文协议)，它是一种不可靠的网络协议，在通信实例双方各自创建一个 Socket，但是这两个 Socket 之间并没有虚拟链路，这两个 Socket 只是发送、接收数据报文的对象。

TCP 协议是可靠的，而 UDP 协议是不可靠的。在一些场景中必须用 TCP，比如说用户登录，必须给出明确答复是否登录成功等。而有些场景中，用户是否接收到数据则不那么关键，比如网络游戏当中，玩家射出一颗子弹，另外的玩家是否看到，完全取决于当前网络环境，如果网络卡顿，就会出现玩家已经被射杀，但界面仍然未被刷新的情况，这种情形适合 UDP。限于篇幅，本书仅对基于 TCP 的网络编程展开讲解。

在 JDK 中有两个用于实现 TCP 程序的类，一个是表示服务器端的 ServerSocket 类，另一个是用于表示客户端的 Socket 类。在通信时，须先采用"三次握手"方式建立 TCP 连接，形成数据传输通道，具体介绍如下：

◇ 第一次握手：客户端向服务器端发送连接请求，等待服务器进行确认。

◇ 第二次握手：服务器端向客户端返回确认响应，通知客户端已经收到了连接请求。

◇ 第三次握手：客户端再次向服务器端发送确认信息，确认连接完成。

◇ TCP 的"三次握手"保证了两台通信设备之间的无差别传输，在连接中可以进行大量数据的传输，传输完毕要释放已建立的连接。

值得注意的是，虽然 TCP 是一种可靠的网络通信协议，数据传输安全和完整，但是效率比较低。一些对完整性和安全性要求高的数据采用 TCP 协议传输，比如文件传输和下载，如果文件下载不完全，会导致文件损坏无法打开。

15.2.4　类 ServerSocket

在 Java 程序中，可以使用类 ServerSocket 来实现服务端程序，接收其他通信实体(客户端或其他服务端)的连接请求。ServerSocket 对象用于监听来自客户端的 Socket 连接，如果没有连接则会一直处于等待状态。类 ServerSocket 中提供如下方法：

◇ Socket accept()：监听客户端连接请求，如果接收到一个客户端 Socket 的连接请求，该方法将返回一个与客户端 Socket 对应的 Socket，否则该方法将一直处于等待状态，线程也被阻塞。

◇ viod close()：关闭建立的连接。

◇ InetAddress getInetAddress()：返回远程计算机的 IP 地址。

◇ boolean isClosed()：检查远程连接是否关闭。

在 Java 程序中，可以使用 ServerSocket 类提供的如下构造器创建 ServerSocket 对象：

◇ ServerSocket(int port)：用指定的端口 port 来创建一个 ServerSocket 对象。该端口应该有一个有效的端口整数值：0～65535。

◇ ServerSocket(int port,int backlog)：增加一个用来改变连接队列长度的参数 backlog。

◇ ServerSocket(int port,int backlog,InetAddress localAddr)：在机器存在多个 IP 地址的情况下，允许通过 localAddr 这个参数来指定将 ServerSocket 绑定到指定的 IP 地址。

15.2.5　类 Socket

Socket 的英文原义是"孔"或"插座"，在网络编程中，网络上的两个程序通过一个双向的通信连接实现数据的交换，这个连接的一端称为一个 Socket。Socket 是通信的基石，是支持 TCP/IP 协议的网络通信的基本操作单元。类 Socket 中提供如下两个重要的构造方法：

◇ Socket(InetAddress/String remoteAddress, int port)：创建连接到指定远程主机、远程端口的 Socket，该构造方法默认使用本地主机的默认 IP 地址，默认使用系统动态指定的 IP 地址，没有指定本地地址和本地端口。

❖ Socket(InetAddress/String remoteAddress, int port, InetAddress localAddr, int localPort)：创建连接到指定远程主机、远程端口的 Socket，并指定本地 IP 地址和本地端口号。当本地主机有多个 IP 地址时，可以使用该构造方法。

在 Java 程序中，当客户端和服务器端产生了对应的 Socket 之后，程序无须再区分服务器、客户端，而是通过各自的 Socket 进行通信。在 Socket 中提供如下两个方法来获取输入流和输出流：

❖ InputStream getInputStream()：返回 Socket 对象对应的输入流，让程序通过该输入流从 Socket 中取出数据。

❖ OutputStream getOutputStream()：返回 Socket 对象对应的输出流，让程序通过该输出流向 Socket 中输出数据。

📑 练一练

15-3：发送圣诞节的祝福(🖋源码路径：codes/15/src/Server.java)

15-4：实现 TCP 协议的客户端(🖋源码路径：codes/15/src/URLDemo1.java)